青少年人工智能与编程系列丛书

潘晟旻 主 编
方娇莉 郝 熙 副主编

清華大學出版社
北京

内 容 简 介

本书以团体标准《青少年编程能力等级 第2部分：Python编程》为依据，旨在引导青少年走进Python编程乐园的大门,形成基本的编程思维。本书内容覆盖该标准Python编程一级全部12个知识点。全书共11个单元，逻辑上形成Python入门的四层台阶。第一级台阶为初步认识Python（第1～2单元），主要介绍Python是什么，怎样进行Python编程以及Python程序的基本特征。第二级台阶为认识Python中的基础数据类型（第3～6单元），主要介绍数字、字符串、列表三类Python基础数据类型及基本应用。第三级台阶为Python初级应用——turtle画图（第7单元），介绍turtle画图的基本编程知识，让学生领略Python编程的美。第四级台阶为控制结构及简单工具（第8～11单元），介绍Python的基本控制结构、异常处理及标准函数的使用，为学生构建较为完整的编程思维。

本书适合报考全国青少年编程能力等级考试（PAAT）Python一级科目的考生选用，也是青少年进行Python入门学习较为理想的教材。

图书在版编目（CIP）数据

跟我学Python一级 / 潘晟旻主编 . —北京：清华大学出版社，2023.1（2023.5重印）
（青少年人工智能与编程系列丛书）

ISBN 978-7-302-62345-8

Ⅰ.①跟…　Ⅱ.①潘…　Ⅲ.①软件工具－程序设计　Ⅳ.①TP311.561

中国国家版本馆CIP数据核字（2023）第003718号

责任编辑： 谢　琛
封面设计： 刘　键
责任校对： 李建庄
责任印制： 沈　露

出版发行： 清华大学出版社
网　　址： http://www.tup.com.cn, http://www.wqbook.com
地　　址： 北京清华大学学研大厦A座　　**邮　　编：** 100084
社 总 机： 010-83470000　　**邮　　购：** 010-62786544
投稿与读者服务： 010-62776969, c-service@tup.tsinghua.edu.cn
质量反馈： 010-62772015, zhiliang@tup.tsinghua.edu.cn
印 装 者： 三河市龙大印装有限公司
经　　销： 全国新华书店
开　　本： 185mm×260mm　　**印　　张：** 14　　**字　　数：** 249千字
版　　次： 2023年1月第1版　　**印　　次：** 2023年5月第2次印刷
定　　价： 69.00元

产品编号：094743-01

序

Preface

为了规范青少年编程教育培训的课程、内容规范及考试，全国高等学校计算机教育研究会于 2019—2022 年陆续推出了一套《青少年编程能力等级》团体标准，包括以下 5 个标准：

- 《青少年编程能力等级 第 1 部分：图形化编程》（T/CERACU/AFCEC/SIA/CNYPA 100.1—2019）
- 《青少年编程能力等级 第 2 部分：Python 编程》（T/CERACU/AFCEC/SIA/CNYPA 100.2—2019）
- 《青少年编程能力等级 第 3 部分：机器人编程》（T/CERACU/AFCEC 100.3—2020）
- 《青少年编程能力等级 第 4 部分：C++ 编程》（T/CERACU/AFCEC 100.4—2020）
- 《青少年编程能力等级 第 5 部分：人工智能编程》（T/CERACU/AFCEC 100.5—2022）

本套丛书围绕这套标准，由全国高等学校计算机教育研究会组织相关高校计算机专业教师、经验丰富的青少年信息科技教师共同编写，旨在为广大学生、教师、家长提供一套科学严谨、内容完整、讲解详尽、通俗易懂的青少年编程培训教材，并包含教师参考书及教师培训教材。

这套丛书的编写特点是学生好学、老师好教、循序渐进、循循善诱，并且符合青少年的学习规律，有助于提高学生的学习兴趣，进而提高教学效率。

学习，是从人一出生就开始的，并不是从上学时才开始的；学习，是无处不在的，并不是坐在课堂、书桌前的事情；学习，是人与生俱来的本能，也是人类社会得以延续和发展的基础。那么，学习是快乐的还是枯燥的？青少年学习编程是为了什么？这些问题其实也没有固定的答案，一个人的角色不同，便会从不同角度去认识。

从小的方面讲，“青少年人工智能与编程系列丛书”就是要给孩子们一套易学易懂的教材，使他们在合适的年龄选择喜欢的内容，用最有效的方式，愉快地学点有用的知识，通过学习编程启发青少年的计算思维，培养提出问题、分析问题和解决问题的能力；从大的方面讲，就是为国家培养未来人工智能领域的人才进行启蒙。

学编程对应试有用吗？对升学有用吗？对未来的职业前景有用吗？这是很

多家长关心的问题，也是很多培训机构试图回答的问题。其实，抛开功利，换一个角度来看，一个喜欢学习、喜欢思考、喜欢探究的孩子，他的考试成绩是不会差的，一个从小善于发现问题、分析问题、解决问题的孩子，未来必将是一个有用的人才。

安排青少年的学习内容、学习计划的时候，的确要考虑“有什么用”的问题，也就是要考虑学习目标。如果能引导孩子对为他设计的学习内容爱不释手，那么教学效果一定会好。

青少年学一点计算机程序设计，俗称“编程”，目的并不是要他能写出多么有用的程序，或者很生硬地灌输给他一些技术、思维方式，要他被动接受，而是要充分顺应孩子的好奇心、求知欲、探索欲，让他不断发现“是什么”“为什么”，得到“原来如此”的豁然开朗的效果，进而尝试将自己想做的事情和做事情的逻辑写出来，交给计算机去实现并看到结果，获得“还可以这样啊”的欣喜，获得“我能做到”的信心和成就感。在这个过程中，自然而然地，他会愿意主动地学习技术，接受计算思维，体验发现问题、分析问题、解决问题的乐趣，从而提升自身的能力。

我认为在青少年阶段，尤其是对年龄比较小的孩子来说，不能过早地让他们感到学习是压力、是任务，而要学会轻松应对学习，满怀信心地面对需要解决的问题。这样，成年后面对同样的困难和问题，他们的信心会更强，抗压能力也会更强。

针对青少年的编程教育，如果教学方法不对，容易走向两种误区：第一种，想做到寓教于乐，但是只图了个“乐”，学生跟着培训班“玩儿”编程，最后只是玩儿，没学会多少知识，更别提能力了，白白占用了很多时间，这多是因为教材没有设计好，老师的专业水平也不够，只是哄孩子玩儿；第二种，选的教材还不错，但老师只是严肃认真地照本宣科，按照教材和教参去“执行”教学，学生很容易厌学、抵触。

本套丛书是一套能让学生爱上编程的书。丛书体现的“寓教于乐”，不是浅层次的“玩乐”，而是一步一步地激发学生的求知欲，引导学生深入计算机程序的世界，享受在其中遨游的乐趣，是更深层次的“乐”。在学生可能有疑问的每个知识点，引导他去探究；在学生无从下手不知如何解决问题的时候，循循善诱，引导他学会层层分解、化繁为简，自己探索解决问题的思维方法，并自然而然地学会相应的语法和技术。总之，这不是一套“灌”知识的书，也不是一套强化能力“训练”的书，但是巧妙地给学生引导和启发，帮助他主动探索、解决问题，获得成就感，同时学会知识、提高能力。

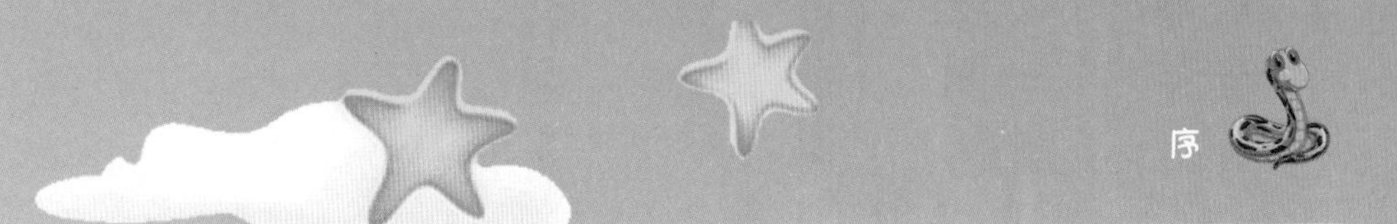

丛书以《青少年编程能力等级》团体标准为依据，设定分级目标，逐级递进，学生逐级通关，每一级递进都不会觉得太难，又能不断获得阶段性成就，使学生越学越爱学，从被引导到主动探究，最终爱上编程。

优质教材是优质课程的基础，围绕教材的支持与服务将助力优质课程。初学者靠自己看书自学计算机程序设计是不容易的，所以这套教材是需要有老师教的。教学效果如何，老师至关重要。为老师、学校和教育机构提供良好的服务也是本套丛书的特点。丛书不仅包括主教材，还包括教师参考书、教师培训教材，能够帮助新的任课教师、新开课的学校和教育机构更快更好地建设优质课程。专业相关、有时间的家长，也可以借助教师培训教材、教师参考书学习和备课，然后伴随孩子一起学习，见证孩子的成长，分享孩子的成就。

成长中的孩子都是喜欢玩儿游戏的，很多家长觉得难以控制孩子玩计算机游戏。其实比起玩儿游戏，孩子更想知道游戏背后的事情，学习编程，让孩子体会到为什么计算机里能有游戏，并且可以自己设计简单的游戏，这样就揭去了游戏的神秘面纱，而不至于沉迷于游戏。

希望这套承载着众多专家和教师心血、汇集了众多教育培训经验、依据全国高等学校计算机教育研究会团体标准编写的丛书，能够成为广大青少年学习人工智能知识、编程技术和计算思维的陪伴和助力。

清华大学计算机科学与技术系教授　郑　莉

2022 年 8 月于清华园

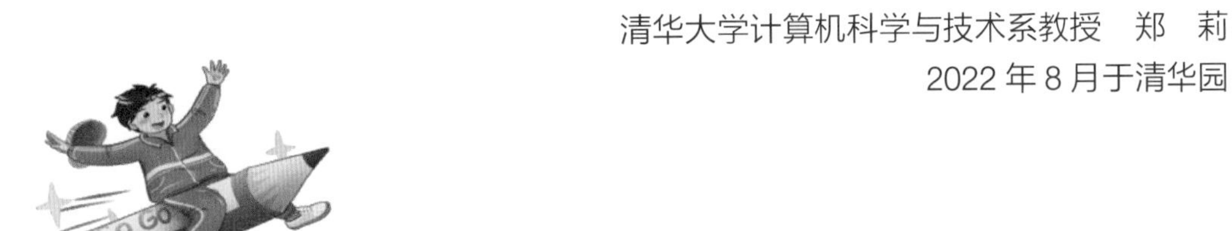

前　言

国家大力推动青少年人工智能和编程教育的普及与发展，为中国科技自主创新培养扎实的后备力量。Python 语言作为贯彻《新一代人工智能发展规划》和《中国教育现代化 2035》的主流编程语言，在青少年编程领域逐渐得到了推广及普及。

当前，作为一项方兴未艾的事业——青少年编程教育在实施中陷入因地区差异、师资力量专业化程度不够、社会培训机构庞杂等诸多因素引发的无序发展状态，出现了教学质量良莠不齐、教学目标不明确、教学质量无法科学评价等诸多“痛点”问题。

本书以团体标准《青少年编程能力等级 第 2 部分：Python 编程》（T/CERACU/AFCEC/SIA/CNYPA 100.2—2019）为依据，内容覆盖 Python 编程一级，共 12 个知识点。作者充分考虑一级对应的青少年年龄阶段的学业适应度，形成了以知识点为主线，知识性、趣味性、能力素养锻炼相融合的，与全国青少年编程能力等级考试（PAAT）标准相符合的一本适合学生学习和教师实施教学的教材。

“育人”先“育德”，为实现立德树人的基本目标，课程案例涵盖了中华民族传统文化、社会主义核心价值观、红色基因传承等思政元素，注重传道授业解惑、育人育才的有机统一。融合“标准”、“知识与能力”和“测评”，以“标准”界定“知识与能力”，以“知识与能力”约束“测评”，是本书的编撰原则及核心特色。用规范、科学的教材，推动青少年 Python 编程教育的规范化，以编程能力培养为核心目标，培养青少年的计算思维和逻辑思维能力，塑造面向未来的青少年核心素养，是本书编撰的初心和使命。

本书由潘晟旻组织编写并统稿。全书共分 11 个单元，其中第 1、2、3 单元、附录 A 由方娇莉编写；第 4、5、6、8 单元由郝熙编写；第 7 单元由马晓静编写；第 9、10、11 单元由罗一丹编写。

本书的编写得到了全国高等学校计算机教育研究会的立项支持（课题编号：CERACU2021P03）。畅学教育科技有限公司为本书提供了插图设计和平台测试等方面的支持。全国高等学校计算机教育研究会—清华大学出版社联合教材工作室对本书的编写给予了大力协助。“PAAT 全国青少年编程能力等级考试”考试委员会对本书给予了全面的指导。郑骏、姚琳、石健、佟刚、李莹等专家对本书给予了审阅和指导。在此对上述机构、专家、学者和同仁一并表示深深

的感谢！

祝孩子们通过本教材的学习，能够顺利迈入 Python 编程的乐园，点亮计算思维的火花，收获用代码编织智能，用智慧开创未来的能力。

作　者

2022 年 7 月

目录

Contents

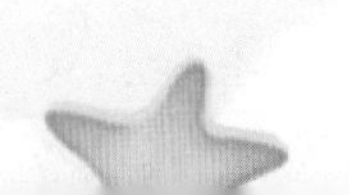

跟我学Python一级

VIII

第1单元
进入Python乐园

小萌和小帅都是爱动脑筋的孩子，他们经常思考怎样巧妙地解决遇到的各种问题。最近，他们认识了一位聪明而神奇的伙伴——计算机。计算机不仅能够背古诗、做算术、画图画，甚至还能陪我们一起做游戏呢！不过，要和计算机交流，就要使用计算机能够听得懂的语言。Python 就是一种简单、美妙又强大的计算机语言。让我们同小萌和小帅一起进入 Python 乐园，学习编程，感受计算机这位全能的小伙伴为我们带来的智慧和惊喜吧！

"小萌，小帅，你们已经上学了，应该学一门计算机编程语言了。"

"老师，我们为什么要学计算机编程呀？"

"因为学习编程能让你们与计算机沟通，培养逻辑思维能力，释放创造力，掌握解决问题的新技能。"

"哦，那太有必要了。可是，老师，好像编程语言有好多种，我们应该怎样选择呢？"

"对于你们这个年龄段的初学者来说，从 Python 语言开始应该是最好的选择。因为它易于学习，功能强大。"

"太好了，老师，那我们快点开始吧！"

"好的，让我们一起走进 Python 乐园吧！"

1.1　认识 Python

Python 语言是荷兰人 Guido van Rossum（吉多·范罗苏姆，俗称“龟叔”）在 1989 年发明的，如图 1-1 所示。之所以选中 Python（“大蟒蛇”的意思）作为该编程语言的名字，是因为 Guido 是一个叫 Monty Python 的喜剧团体的爱好者。Python 是一种优雅、明确、简单的计算机语言，所以现在网络上流传着“人生苦短，我用 Python”的说法。

图 1-1　Python 之父：Guido van Rossum

Python 第一个公开发行的版本于 1991 年问世，主要有 4 个版本，如图 1-2 所示。

从 2004 年开始，Python 的使用率飞速增长，曾经多次荣获 TIOBE 年度编程语言称号，如图 1-3 所示。

1991 年	1994 年	2000 年	2008 年
第一个公开发行版问世	1.0 版本发布（已过时）	2.0 版本发布（已停止更新）	3.0 版本发布

图 1-2　Python 的版本

TIOBE

Year	Winner
2021	Python
2020	Python
2019	C
2018	Python
2017	C
2016	Go
2015	Java
2014	JavaScript
2013	Transact-SQL
2012	Objective-C
2011	Objective-C
2010	Python
2009	Go
2008	C
2007	Python
2006	Ruby
2005	Java

图 1-3　TIOBE 年度编程语言列表

“老师，为什么 Python 那么受欢迎呀？”

“Python 就像一位有许多优点，无所不能，又容易相处的朋友，谁都喜欢它、欣赏它。我们一起看看 Python 究竟有哪些优点吧。”

1. Python 语言的特点

（1）语法简单。Python 是一种代表极简主义的编程语言，阅读一段排版优美的 Python 代码，就像在阅读一个英文段落，非常贴近人类语言。所以人们常说，Python 是一种具有伪代码特质的编程语言。

（2）免费开源。用户可以自由使用 Python 开发和发布自己编写的程序，不需要支付任何费用。即使作为商业用途，Python 也是免费的。

（3）胶水语言。Python 能够把使用其他语言制作的各种模块（尤其是 C/C++）很轻松地联结在一起。

（4）可移植性。Python 是解释型的语言，天生具有跨平台的特征，只要为平台提供了相应的 Python 解释器，Python 就可以在该平台上运行。

（5）面向对象。与 C++ 和 Java 等语言相比，Python 以强大而简单的方式实现了面向对象编程。

（6）代码规范。Python 采用强制缩进的方式，使得其代码具有极佳的可读性。

（7）丰富的库。Python 具有功能丰富的标准库，可以帮助人们处理各种工作，安装了 Python，就可以直接用这些库。还有数量庞大的第三方库，编程就像搭积木一样简单。

（8）动态类型。Python 不会检查静态数据类型，在声明变量时不需要指定数据类型。

2. Python 的主要应用领域

“老师，我还有个问题，学好 Python 可以干啥呀？”

Python 的用处可大了！比如在以下方面，Python 都可以发挥自己的特长，帮助人们实现丰富多彩的应用。

1）Web 开发——让世界看到你的作品

Python 经常被用于 Web 开发，就是开发互联网上丰富多彩的网站。比如，人们经常访问的集电影、读书、音乐于一体的豆瓣网（图 1-4 所示），全球最大的视频网站 YouTube、国内最大的问答社区“知乎”、国内知名的在线医疗网站“春雨医生”也都是用 Python 开发的。另外，搜狐、金山、腾讯、网易、百度、新浪、果壳等公司都在使用 Python 完成各种各样的任务。

图 1-4　用 Python 开发的豆瓣网站

2）游戏编程——完爆的用户体验

很多游戏使用 C++ 编写图形显示等高性能模块，而使用 Python 等编写游戏的逻辑。比如，接金币、俄罗斯方块、消消乐、飞机大战、保卫森林等好玩的小游戏都可以用 Python 来编写，如图 1-5 所示。除此之外，Python 可以直接调用 OpenGL 实现 3D 绘制，这是高性能游戏引擎的技术基础。

图 1-5　用 Python 编写的消消乐小游戏

3）网络爬虫——大数据时代没有数据怎么行

说到使用编程语言编写网络爬虫，就不得不提到 Python 的简便、高效和强大了。几年之前，大多数网络爬虫还是使用 Java 编写的，但是随着 Python 生态的不断壮大，其简洁的语法搭配强大的功能，使得 Python 在编写网络爬虫上有着得天独厚的优势。

4）数据分析——看到数据的背后的真相

数据分析也是随着大数据的概念再次兴起的一个领域。有了大量的数据，自然需要对其进行数据清理、数据提取和数据分析。

在科学计算和数据分析领域，Python 一直没有缺席。这些方面都有非常成熟的第三方模块和活跃的社区，使 Python 成为数据处理任务的一个重要解决方案。

5）人工智能与机器学习——互联网新热潮

人工智能是现在非常火的一个方向，AI 热潮让 Python 语言的未来充满了无限的潜力。现在释放出来的几个非常有影响力的 AI 框架大多是用 Python 实现的。

机器学习，尤其是现在火爆的深度学习，其工具框架大都提供了 Python 接口。Python 在科学计算领域一直有着较好的声誉，其简洁清晰的语法以及丰富的计算工具，使其深受此领域开发者的喜爱！

“其实除此之外，还有很多领域都有 Python 的身影，比如网络安全、渗透测试、自动化运维，等等。”

“哇，太棒了，我一定要好好学！”

【问题 1-1】 下面关于 Python 语言的特点，说法错误的是（　　）。

A. 语法简洁　　B. 开源免费

C. 类库丰富　　D. 依赖平台

“下面，我们就来学习 Python 编程软件——Python IDLE。IDLE 是编写开发 Python 程序的基本环境，是初学者的最佳选择。当安装好 Python 以后，IDLE 就自动安装好了。”

1.2　认识 IDLE

在 Windows 系统的“开始”菜单中，单击 Python 3.X → IDLE(Python 3.X 64-bit)，即可打开 IDLE 窗口。除了可以看到 Python 软件的版本信息外，还可以看到它独特的提示符“>>>”，这表示已经进入 Python Shell 交互模式。

1. Python Shell 交互模式

IDLE 完全支持 Python 程序语言的语法，在 Python Shell 交互模式中，可以直接输入 Python 程序语言的语句并按 Enter 键，即可看到输出的信息，如图 1-6 所示。

```
IDLE Shell 3.10.5
File Edit Shell Debug Options Window Help
Python 3.10.5 (tags/v3.10.5:f377153, Jun  6 2022, 16:14:13) [MSC v.1929 64 bit (AMD64)] on win32
Type "help", "copyright", "credits" or "license()" for more information.
>>> print("Hello,Python!")
Hello,Python!
>>>
                                                                   Ln: 5 Col: 0
```

图 1-6　Python Shell 交互模式

“老师，print 是什么呀？”

“print 是 Python 语言中的一个重要函数，它的作用就是把后面括号里的内容输出到屏幕上。”

2. 文件模式

实际开发时，通常不能只包含一行代码，当需要编写多行代码时，可以单独创建一个文件保存这些代码，全部编写完成后一起执行。

【例 1-1】 采用文件方式，输出多行古诗《春晓》。

该操作以文件方式来实现，具体步骤如下。

（1）编写程序。在 IDLE 主窗口的菜单栏上选择 File → New File 菜单项，将打开一个代码编辑窗口，在该窗口中可以直接编写多行 Python 代码。每输入一行代码后按下 Enter 键，将自动换到下一行输入。本操作需要在代码编辑窗口内连续输入如图 1-7 所示的多行代码。

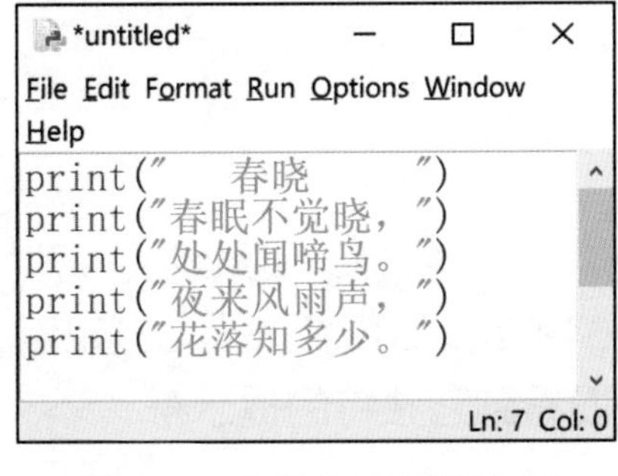

图 1-7 文件代码编辑窗口

（2）保存程序。选择 File → Save 菜单项，或者按下快捷键 Ctrl+S 保存文件，这里将文件名设置为“1-1.py”，如图 1-8 所示。其中，“.py”是 Python 文件的扩展名。

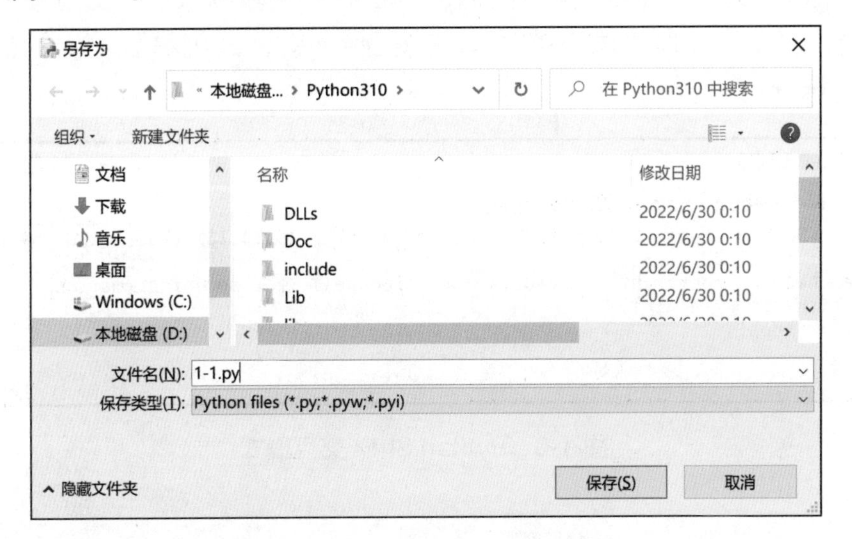

图 1-8 文件保存窗口

（3）运行程序。选择 Run → Run Module 菜单项，或者按下功能键 F5，即可运行该程序，得到如图 1-9 所示的输出结果。

（4）退出 Python。当不再需要的时候，可以直接关闭窗口，或者按快捷键 Ctrl+D，也可使用 exit( ) 命令，在弹出的对话框里单击“确定”按钮即可退出 Python，如图 1-10 所示。

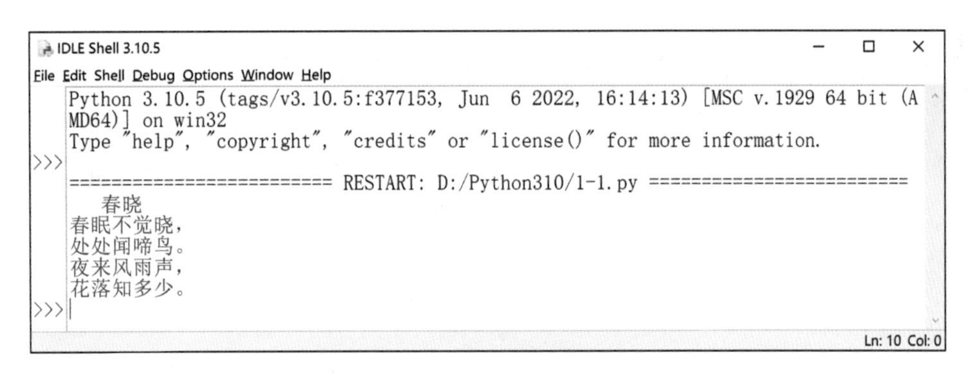

图 1-9　文件运行结果显示

图 1-10　exit 退出窗口

【问题 1-2】 在 IDLE 进行交互编程时，其中符号“>>>”是（　　）。

A. 命令提示符　　　　B. 运算操作符

C. 程序控制符　　　　D. 文件输入符

注意：编写 Python 程序，可以使用 Windows 自带的“记事本”文本编辑器，也可以使用集成开发环境（IDE，Integrated Development Environment）。IDLE 就是由 Python 提供的一种普遍的 IDE，常用的还有 PyCharm、VS Code 和 PyScripter 等软件。有兴趣的同学可以自己尝试安装使用。

“老师，怎样才能编写一个 Python 程序呢？”

“其实挺简单的，只要掌握 IPO 方法就行。”

1.3 编程就这么简单

每个程序都有统一的运算模式，即输入数据、处理数据和输出数据，这种朴素运算模式形成了程序的基本编写方法，即 IPO 方法。具体如下。

1. 输入数据（Input）

输入是一个程序的开始，包括控制台输入、交互界面输入、文件输入、网络输入、随机数据输入、内部参数输入等。

在 Python 中，使用内置函数 input( ) 可以接收用户的键盘输入。

input( ) 函数的基本用法如下：

```
variable = input("提示文字")
```

其中，variable 为保存输入结果的变量，双引号内的文字用于提示要输入的内容。例如，有从键盘上输入用户的名字，并保存到变量 name 中，可以使用下面的代码：

```
>>>name = input("请输入您的姓名：")
请输入您的姓名：萌小萌
```

在 Python 3.X 中，输入的内容将被作为字符串读取。如果想要接收数值，可以使用类型转换来实现。

2. 处理数据（Process）

处理数据是程序对输入数据进行计算产生输出结果的过程。

计算问题的处理方法统称为“算法”，它是程序最重要的组成部分。可以说，算法是一个程序的灵魂。

3. 输出数据（Output）

输出是程序展示运算成果的方式。程序的输出方式包括控制台输出、图形用户界面输出、文件输出、网络输出、操作系统内部变量输出等。

默认情况下，在 Python 中，使用内置的 print( ) 函数可以将结果输出到 IDLE 或者标准控制台上。其基本语法格式如下：

```
print(输出内容)
```

其中，输出内容可以是数字和字符串（字符串需要使用引号括起来），此类内容将直接输出。可以是包含运算符的表达式，此类内容将计算结果输出。可以使用（,）将输出对象连接起来，一次性输出多项内容。例如：

```
>>>print(name)
萌小萌
>>>print(2022 - 1949)
73
>>>print("我爱你，","中国")
我爱你，中国
```

【问题 1-3】 下列（　　）不是 IPO 模式的一部分。

A. Input　　B. Program

C. Process　　D. Output

1.4 我来指挥计算机工作

“老师，快点带我们动手实践一下吧，我们太想指挥计算机工作了。”

“好，那我们就来小试牛刀吧，想知道你将来可能长到多高吗？”

“当然想了。”

“那咱们就让计算机来帮忙估算一下吧。”

“太好了！”

“有人提出可以利用遗传因素预测孩子成年时的身高。计算公式为

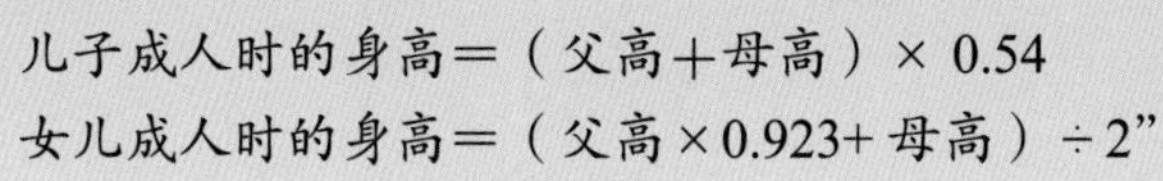

儿子成人时的身高＝（父高＋母高）× 0.54

女儿成人时的身高＝（父高×0.923+ 母高）÷2”

“要预测我成年时的身高，应该先要知道我爸爸、妈妈的身高吧？”

“对，下面我们就来写程序，让计算机帮你预测身高吧。”

Python 代码是由关键字、标识符、表达式和语句等构成的，语句是代码的重要组成部分。在 Python 中，一般情况下一行代码表示一条语句，语句结束时不加分号。

【例 1-2】 趣味游戏：预测小帅成年时的身高。

程序代码如下：

```
dad = eval(input("请输入父亲的身高："))      # 输入父亲的身高值
mum = eval(input("请输入母亲的身高："))      # 输入母亲的身高值
my = (dad + mum) * 0.54                     # 处理计算小帅的可能身高
print("小帅将来身高可能是：{:.2f}".format(my))   # 输出计算结果
```

保存文件后，运行该程序，输入小帅父母的身高值，就可以得到小帅可能的身高值：

```
请输入父亲的身高：1.75
请输入母亲的身高：1.60
小帅将来身高可能是：1.81
```

“太棒了，我能指挥计算机了！但是，老师，为什么 input 外面要用 eval( )，print( ) 里要用 format 呢？”

“你学得很认真，eval( ) 是用于将字符串作为表达式进行计算，format( ) 是控制输出数据的方法，后面会详细介绍的。”

“哦，明白了，学编程真是太好玩了。”

“小萌，你能举一反三，预测一下自己成年时的身高吗？”

“应该可以，我试试。”

"本单元，我们进入了Python乐园，认识了Python和IDLE，知道了Python能做什么。掌握了用Python语言编程的IPO方法，并尝试了指挥计算机工作。接下来就让我们共同开启愉快的Python之旅吧！"

1. Python语言的创造者，大胡子Guido所属的国家是（　　）。
   A. 爱尔兰　　B. 荷兰　　C. 波兰　　D. 芬兰

2. Python这个单词的含义是（　　）。
   A. 喵星人　　B. 蟒蛇　　C. 石头　　D. 袋鼠

3. 编程语言文件通常有固定的后缀，Python文件的扩展名是（　　）。
   A. .py　　B. .pc　　C. .pyc　　D. .pw

4. Guido van Rossum正式对外发布Python版本的年份是（　　）。
   A. 1991　　B. 1998　　C. 2002　　D. 2008

5. 关于Python的叙述中，不正确的是（　　）。
   A. python的官方编程环境IDLE，提供了交互式代码执行功能
   B. python网络编程环境的缺点之一是只能使用官方库，不能使用第三方库
   C. python编程中遇到的错误一般有两种：语法错误和逻辑错误
   D. python中不论是使用内置库还是第三方库，都使用import关键字导入

6. 能够输出"我爱中国"的语句是（　　）。
   A. `input("我爱中国")`　　B. `import("我爱中国")`
   C. `print("我爱中国")`　　D. `output("我爱中国")`

7. 退出Python的IDLE命令交互式环境，可以使用的命令或方式是（　　）。

A. exit( )　　B. bye( )　　C. ESC 键　　D. close( )

8. 不属于 Python 程序运行方式的是（　　）。

A. IDLE 交互式运行　　B. IDLE 文件式运行

C. 直接在记事本中运行　　D. 通过集成开发环境 PyCharm 运行

9. 关于 Python 的叙述中，不正确的是（　　）。

A. Python 语言是一种通用语言，可用于科学计算、数据分析、网站开发等多个方面

B. Python 程序代码文件需要保存为 .py 扩展名才能执行

C. 根据不同的开发需求和个人习惯，可以选择不同的 Python 编程环境

D. Python 官方开发环境 IDLE 的交互环境中，命令输入提示符为 >>>

第 2 单元
Python 程序的小秘密

“老师，在编写程序时，我们是不是只要写出能解决问题的代码就可以了？”

“这还不够，还必须养成规范编写代码的良好习惯。”

规范的代码给人的第一感觉是美观，美的东西总是更加吸引人。不规范的代码会影响人们对它的阅读和理解，一旦有错误，检查起来也会很困难。规范的代码具有可读性强和可维护性强的优点。规范的代码健壮性高，不容易出现 Bug（缺陷），即使出现问题也较容易解决。

PEP8 是 Python 增强提案（Python Enhancement Proposals）中的第 8 号提案。它是针对 Python 代码格式而编订的风格指南，本书在编写 Python 程序源代码时遵循该指南，如图 2-1 所示。

python™　search　Advanced Search

» PEP Index > PEP 8 -- Style Guide for Python Code

ABOUT
NEWS
DOCUMENTATION
DOWNLOAD
下载
COMMUNITY
FOUNDATION
CORE DEVELOPMENT
Python Wiki
Python Insider Blog
Python 2 or 3?
Help Fund Python
Non-English Resources

PEP: 8
Title: Style Guide for Python Code
Version: c451868df657
Last-Modified: 2016-06-08 10:43:53 -0400 (Wed, 08 Jun 2016)
Author: Guido van Rossum <guido at python.org>, Barry Warsaw <barry at python.org>, Nick Coghlan <ncoghlan at gmail.com>
Status: Active
Type: Process
Content-Type: text/x-rst
Created: 05-Jul-2001
Post-History: 05-Jul-2001, 01-Aug-2013

Contents

- Introduction
- A Foolish Consistency is the Hobgoblin of Little Minds
- Code lay-out
  - Indentation
  - Tabs or Spaces?
  - Maximum Line Length
  - Should a line break before or after a binary operator?

图 2-1　PEP8 风格指南

2.1 标识符和关键字

1. 标识符

“小萌，你最喜欢吃的水果是什么？”

“嗯，我最喜欢吃的是…，苹果🍎。”

现实生活中，人们常用名称来标记事物。例如，每种水果都有一个名称，如图 2-2 所示。

图 2-2　水果名称标识

若希望在程序中表示一些事物，开发人员需要自定义一些符号和名称，这些符号作为名称，这些符号叫做标识符。Python 中的标识符需要遵守一定的规则：

（1）Python 语言允许采用大写字母、小写字母、数字、下画线（_）和汉字等字符及其组合作为标识符，但首字符不能是数字，中间不能出现空格，长度没有限制。

（2）Python 中的标识符是区分大小写的。例如，china 和 China 是不同的标识符。

（3）Python 中的标识符不能使用关键字（关键字在下面介绍）。

【问题 2-1】 为什么下面所列举的标识符是合法的?

```
kust
Huawei_p50
鸿蒙
```

【问题 2-2】 为什么下面所列举的标识符是不合法的?

```
5G
$money#
中国 昆明
```

【问题 2-3】 下面关于 Python 中标识符命名的叙述，错误的是（　　）。

A. 标识符可以使用英文、数字和下画线

B. 标识符中间不能出现空格

C. 标识符的首字符可以是数字

D. 标识符区分英文的大小写

2. 关键字

关键字，也称为保留字，指被编程语言内部定义并保留使用的标识符。程序员编写程序不能定义与关键字相同的标识符，每种程序设计语言都有一套关键字。

“为什么要设置关键字呢？”

“关键字一般用来构成程序整体框架、表达关键值和具有结构性的复杂语义等。”

掌握一门编程语言首先要熟记其所对应的关键字，避免出错。该规则就像古时候的名字避讳一样，比如，康熙皇帝的名字为爱新觉罗·玄烨，所以当年大名鼎鼎的玄武门就被改为了神武门。

Python 的标准库提供了一个 keyword 模块，可以从 Shell 命令行中输出当前版本的所有关键字。例如，通过 keyword.kwlist 可以看到 Python 3.10.5 版本中的关键字如下：

```
>>>import keyword
>>>keyword.kwlist
['False', 'None', 'True', 'and', 'as', 'assert', 'async',
 'await', 'break', 'class', 'continue', 'def', 'del', 'elif',
 'else', 'except', 'finally', 'for', 'from', 'global', 'if',
 'import', 'in', 'is', 'lambda', 'nonlocal', 'not', 'or',
 'pass', 'raise', 'return', 'try', 'while', 'with', 'yield']
```

需要注意的是，由于 Python 是严格区分大小写的，关键字也不例外。所以，if 是关键字，但 IF 就不是关键字。

如果编写的程序代码使用了关键字作为标识符名称，Python 解释器会发出 SyntaxError: invalid syntax 的警告，如图 2-3 所示。

```
IDLE Shell 3.10.5
File Edit Shell Debug Options Window Help
Python 3.10.5 (tags/v3.10.5:f377153, Jun  6 2022, 16:14:13)
[MSC v.1929 64 bit (AMD64)] on win32
Type "help", "copyright", "credits" or "license()" for more
information.
>>> while=20
    SyntaxError: invalid syntax
>>>
Ln: 6 Col: 0
```

图 2-3　关键字作标识符出错

2.2 变　量

任何编程语言都需要处理数据，如数字、字符串等。数据可以直接使用，也可以给数据取个名字，正如每个人都有姓名一样，每个变量都拥有独一无二的名字，通过变量的名字就能找到变量对应的数据。

1. Python 中的变量

在定义 Python 变量的时候，不需要声明变量。当我们首次为变量赋值的时候，会自动创建变量。

看以下代码：

```
>>>x = 88                        # 定义变量 x 并赋值为 88
>>>y = 88                        # 定义变量 y 并赋值为 88
>>>id(x)
1952471321552
>>>id(y)
1952471321552
```

注意：id( ) 是内置函数，用于获取对象的内存地址。

代码定义了两个变量 x 和 y，它们都是数字 88。虽然名称不同，但是在计算机中它们代表的却是同一个数据对象，它们的内存地址都是 1952471321552。其实际存储如图 2-4 所示。

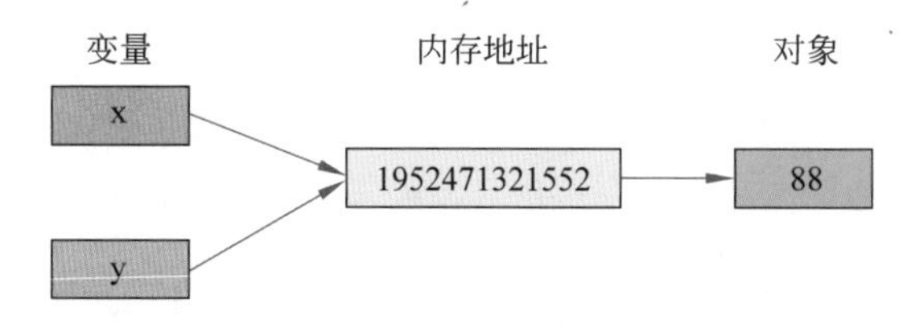

图 2-4　变量与数值对象之间的关系

就好比猪八戒（数值 88）这个对象，我们可以称之为“二师兄”（放在变量 x），也可以称之为“天蓬元帅”（放在变量 y），但是本质上它们都是指猪八戒，只是换了个别名，本质相同。

接着，我们再定义一个变量 x 看看：

```
>>>x = 99
>>>id(x)
1952471321904
```

可以看到，之前把数值 88 赋给变量 x，内存标识是 1952471321552，然后我们又把数值 99 赋值为变量 x，内存地址变成了 1952471321904，如图 2-5 所示。

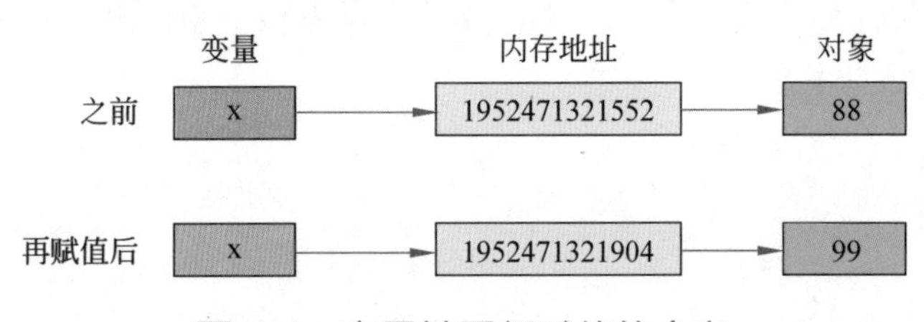

图 2-5　变量被重新赋值的含义

为什么呢？其实，这两个数值 88 和 99 本质上是两个对象，只不过它们刚好有个相同的名字而已。好比说，《西游记》有个情节：真假美猴王。真美猴王（数值 88）和假美猴王（数值 99）虽然都被称为猴子，但是它们实际上是两只不同的猴子（分配了不同的地址）！

2. Python 变量的赋值

将 Python 的某个数据对象赋值为某个变量，好像给这个对象贴上了一个标签。Python 使用“=”作为赋值运算符，具体格式为

```
name = value
```

name 表示变量名；value 表示值，也就是要存储的数据。

《银河系漫游指南》里面说“生命、宇宙以及任何事情的终极答案是 42”，

如果用编程语言来表达，就是如下形式，一个叫作“answer”的变量被赋值为 42：

```
answer = 42
```

注意：变量是标识符的一种，它的名字不能随便取，要遵守 Python 标识符命名规范，还要避免和 Python 内置函数以及 Python 关键字重名。

变量本身是没有固定数据类型的，只是变量所指代的对象（赋值的数据）有类型。

例如，下面的赋值，变量 pi、url、real 因为被赋值了不同类型的数据，所以它们的类型也就不同了：

```
>>>pi = 3.1415926                          # 将圆周率赋值给变量 pi
>>>type(pi)
<class 'float'>                            # pi 是实数类型
>>>url = "http://paat.creacu.org.cn"       # 将青少年编程能力考试的
                                           # 网址赋值给变量 url
>>>type(url)
<class 'str'>                              # url 是字符串类型
>>>real = True                             # 将布尔值赋值给变量 real
>>>type(real)
<class 'bool'>                             #real 是布尔类型
```

变量的值不是一成不变的，它可以随时被修改，只要重新赋值即可。另外，你也不用关心数据的类型，可以将不同类型的数据赋值给同一个变量。请看下面的演示：

```
n = 12.5                                   # 将小数赋值给变量 n
n = 85                                     # 将整数赋值给变量 n
n =  "http://paat.creacu.org.cn"           # 将字符串赋值给变量 n
```

注意：变量的值一旦被修改，就不再对应之前的对象了。

可以同时对多个变量赋值，比如：

```
x, name, y = 10, "小萌", 89.5     # 同时赋值 3 个变量
print(x, name, y)
10 小萌 89.5
```

Python 支持链式赋值方式，比如：

```
>>>a = b = 100
>>id(a)
1952471321936
>>id(b)
1952471321936
```

以上代码通过链式赋值同时定义了两个变量 *a* 和 *b*，它们在内存中就是同一个对象，通过 id( ) 查看它们的内存地址，可以看到是一样的。

Python 可以通过交叉赋值实现变量互换，比如以下代码：

```
>>>a, b = 5, 9
>>>print(a, b)
5 9
>>>print(id(a), id(b))
1952471318896 1952471319024
>>>a, b = b, a
>>>print(a, b)
9 5
>>>print(id(a), id(b))
1952471319024 1952471318896
```

通过“a, b = b, a”使得变量 *a*、*b* 的内存地址发生了交换。本质上是变量 *a* 绑定到原来 *b* 所指代的数据对象，变量 *b* 的情形类似。这种独特的特性是其他语言所不具备的。

3. Python 变量的使用

使用 Python 变量时，只要知道变量的名字即可。

几乎在 Python 代码的任何地方都能使用变量，请看下面的演示：

```
>>>n = 10
>>>print(n)                    # 将变量传递给函数
10
>>>m = n * 10 + 5              # 将变量作为四则运算的一部分
>>>print(m)
105
>>>print(m-30)                 # 将由变量构成的表达式作为参数传递给函数
75
>>>m = m * 2                   # 将变量本身的值翻倍
>>>print(m)
210
>>>url = "http://paat.creacu.org.cn"
>>>str = "全国青少年编程能力等级考试：" + url          # 字符串拼接
>>>print(str)
全国青少年编程能力等级考试：http://paat.creacu.org.cn
```

【问题 2-4】 在 Python 中，可以作为用户使用的变量名的是（　　）。

A. names_2000　　　　B. 7ofClass

C. class@School　　　　D. Street#7

2.3 注　释

"小帅，能帮我看一段代码吗？总是有错，我改不好😣。"

“可以，发过来吧。”

“……我改到快吐血了，你怎么都不加点注释呀？”

注释（Comments）用来向用户提示或解释某些代码的作用和功能，它可以出现在代码中的任何位置。Python 解释器在执行代码时会忽略注释，不做任何处理，就好像它不存在一样。

在调试（Debug）程序的过程中，还可以用注释这种手段来临时移除无用的代码。

注释的最大作用是提高程序的可读性，没有注释的程序简直就是天书，很难被其他人读懂。一段没有注释的程序，甚至隔一段时间以后，编程者自己都会忘记它的含义了，所以为程序写注释是一种良好的编程习惯。

一般情况下，合理的代码注释应该占源代码的 1/3 左右。

Python 支持两种类型的注释，分别是单行注释和多行注释。

1. 单行注释

Python 使用 # 作为单行注释的符号，语法格式为

```
# 注释内容
```

从 # 开始，直到这行结束为止的所有内容都是注释。Python 解释器遇到 # 时，会忽略它后面的整行内容。

```
# 使用 print 输出字符串
print("Hello World!")
print(" 全国青少年编程能力等级考试 ")
print("http://paat.creacu.org.cn")
```

说明单行代码的功能时，也经常将注释放在代码的右侧，例如：

```
print(a,b)   # 可以一次输出多个对象
print( 36.7 * 14.5 )   # 输出乘积
print( 100 % 7 )   # 输出余数
```

2. 多行注释

多行注释指的是一次性注释程序中多行的内容。

Python 使用 3 个连续的单引号 ''' 或者 3 个连续的双引号 """ 注释多行内容，具体格式如下：

```
'''
使用 3 个单引号分别作为注释的开头和结尾
可以一次性注释多行内容
这里面的内容全部是注释内容
'''
```

```
"""
使用 3 个双引号分别作为注释的开头和结尾
可以一次性注释多行内容
这里面的内容全部是注释内容
"""
```

多行注释通常用来为 Python 文件、模块、类或者函数等添加版权或者功能描述信息。

注意：Python 多行注释不支持嵌套。

所以下面的写法是错误的：

```
'''
外层注释
    '''
    内层注释
    '''
'''
```

注意：多行注释的“初心”不是为了注释，而是字符串的一种表达形式。当多行注释或者单行注释形式作为字符串的一部分出现时，就不能再将它看成注释，而应该看作正常代码的一部分。

例如：

```
print('''Hello,World!''')
print("""http://paat.creacu.org.cn""")
print("# 请注意这不是一个单行注释 ")
```

运行结果如下：

```
Hello,World!
http://paat.creacu.org.cn
# 请注意这不是一个单行注释
```

对于前两行代码，Python 没有将这里的 3 个引号看作多行注释，而是将它们看作字符串的开始和结束标志。

对于第 3 行代码，Python 也没有将 # 开始的一部分内容看作单行注释，而是将它看作字符串的一部分。

给代码添加说明是注释的基本功能，除此以外，它还有另外一个实用功能，就是用来调试程序。

举个例子，如果编程时觉得某段代码可能有问题，可以先把这段代码注释起来，让 Python 解释器忽略这段代码，然后再运行。如果程序可以正常执行，则可以说明错误就是由这段代码引起的；反之，如果依然出现相同的错误，则可以说明错误不是由这段代码引起的。

【问题 2-5】 在 Python 中，不能作为注释的是（　　）。

A. //Python 注释　　　　B. #Python 注释

C. """Python 注释 """　　　　D. '''Python 注释 '''

2.4 缩　进

Python 采用代码缩进和冒号（:）来区分代码块之间的层次。

在 Python 中，对于类定义、函数定义、流程控制语句、异常处理语句等，行尾的冒号和下一行的缩进，表示下一个代码块的开始，而缩进的结束则表示此代码块的结束。

注意，Python 中实现对代码的缩进，可以使用空格或者 Tab 键实现。但无论是手动敲空格键，还是使用 Tab 键，通常情况下都是采用 4 个空格长度作为一个缩进量（很多开发工具在默认情况下，键入一次 Tab 键就表示 4 个空格）。

Python 对代码的缩进要求非常严格，同一个级别代码块的缩进量必须一样，否则解释器会报 SyntaxError 异常错误。例如，对左边代码做错误改动，将原本位于同一级别的 2 行代码的缩进量分别调整为 0 个空格和 4 个空格，这就导致了 SyntaxError 异常错误。

【例 2-1】 缩进示例。

正确缩进代码及程序运行：

```
name = input("请输入您的姓名：")
if name == 'python':
    print('welcome yyds!')
else:
    print("hello,dear {}".format(name))
```

两次运行程序，分别输入 python 和小萌时得到的结果如图 2-6 所示。

如果把代码修改为以下形式，运行时出错：

```
name = input("请输入您的姓名：")
if name == 'python':
print('welcome yyds!')
else:
    print("hello,dear {}".format(name))
```

```
请输入您的姓名:python
welcome yyds!
请输入您的姓名:萌小萌
hello,dear 萌小萌
```

图 2-6　例 2-1 两次运行结果

在 IDLE 开发环境中，默认是以 4 个空格作为代码的基本缩进单位。不过，这个值是可以手动改变的，在菜单栏中选择 Options -> Configure IDLE，会弹出如图 2-7 所示的对话框。

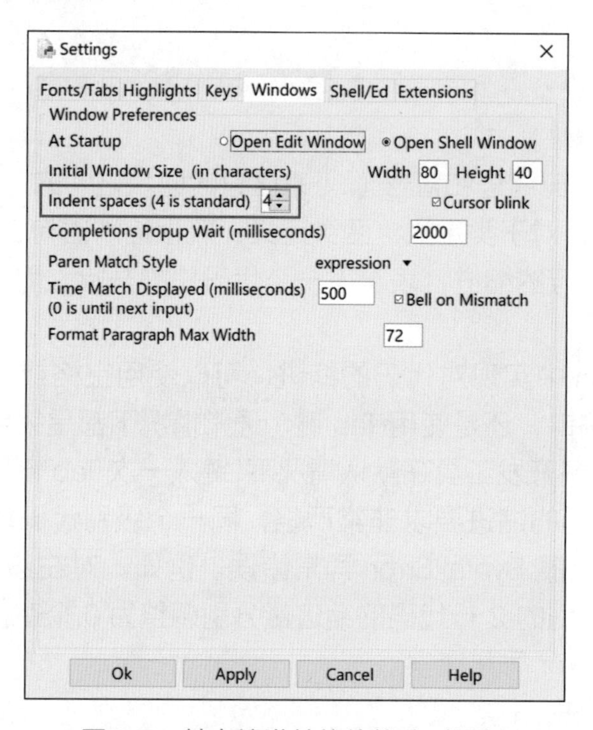

图 2-7　基本缩进单位值修改对话框

Windows 选项卡中的 Indent space 的默认值为 4，单击上下按钮，即可改变默认的代码缩进量。例如，切换至 2，单击 OK 按钮后，当使用 Tab 键设置代码缩进量时，会发现按一次 Tab 键，代码缩进 2 个空格的长度。

2.5 续行符

小知识：Python 中的续行符是反斜杠 (\)，它可以将一行代码分成多行来写，便于代码的编写和阅读，使用方式是在行尾加上反斜杠 (\)，注意反斜杠后面不能加空格，必须直接换行。

例如：

```
>>>str="中国共产党为什么能，\
中国特色社会主义为什么好，\
归根到底是因为马克思主义行！"
>>>print(str)
中国共产党为什么能，中国特色社会主义为什么好，归根到底是因为马克思主义行！
```

2.6 Python 之禅

凡是用过 Python 的人，基本上都知道在交互式解释器中输入 import this 就会显示 Tim Peters 的 The Zen of Python：

```
>>> import this
The Zen of Python, by Tim Peters

Beautiful is better than ugly.
Explicit is better than implicit.
Simple is better than complex.
Complex is better than complicated.
Flat is better than nested.
Sparse is better than dense.
Readability counts.
Special cases aren't special enough to break the rules.
Although practicality beats purity.
Errors should never pass silently.
Unless explicitly silenced.
In the face of ambiguity, refuse the temptation to guess.
There should be one-- and preferably only one --obvious way to do it.
Although that way may not be obvious at first unless you're Dutch.
Now is better than never.
Although never is often better than *right* now.
If the implementation is hard to explain, it's a bad idea.
If the implementation is easy to explain, it may be a good idea.
Namespaces are one honking great idea -- let's do more of those!
```

但它那偈语般的语句有点令人费解，这里分享一下对它的体会和翻译：

Python 之禅 by Tim Peters

优美胜于丑陋；
明了胜于晦涩；

简洁胜于复杂；
复杂胜于凌乱；
扁平胜于嵌套；
稀疏胜于密繁；
可读性很重要！
即便假借特例的实用性之名，也不可违背这些规则。
不要放过一切错误，除非错误本身需要以忽略对待。
在不确定面前，我们应抵挡妄加猜测的引诱。
应该有一种，也但愿只有这一种是显而易见的解决之道。
万事开头难，除非荷兰人。
做好过不做，而不假思索就动手还不如不做。
如果某个实现无法很好阐释，那么它肯定是一个糟糕的办法；
如果某个实现很容易说清楚，那么它可能就是个不错的方案。
命名空间是个绝妙的发明——对此我们应多多益善！

“本单元重点介绍了 Python 编程的规范。编程规范一方面便于自己以后的阅读和修改，另一方面方便别人阅读和理解。编程和生活中解决问题一样，很多时候都需要团队合作，所以编程风格统一、规范对于提高合作效率非常重要！”

习 题 2

1. 不属于 Python 关键字的是（　　）。

A. `and`　　B. `do`　　C. `if`　　D. `try`

2. 属于 Python 关键字的是（　　）。

A. `Else`　　B. `var`　　C. `pass`　　D. `do`

3. 下方字符可以作为 Python 程序注释的是（　　）。

A. `$`　　B. `%`　　C. `?`　　D. `#`

4. 在 Python 中，可以作为用户使用的变量名的是（　　）。

A. pup_5　　B. pup-5　　C. 5-pup　　D. 5_pup

5. 在 Python 中，不可以作为用户使用的变量名的是（　　）。

A. usrName　　B. usr_Name　　C. usrOfName　　D. usr.Name

6. Python 语言实现控制结构的方式是（　　）。

A. 注释　　B. 缩进　　C. 加括号　　D. 对齐

7. 关于 Python 语言，叙述正确的是（　　）。

A. Python 代码中，缩进的主要目的是代码层次结构美观，可以取消缩进而不影响代码执行

B. Python 代码中的缩进可以使用制表符也可以使用空格

C. Python 内置函数名不可以作为用户变量名使用

D. Python 可以使用 # 和 @ 两种符号作为代码注释符号

8. 一行代码如果太长，可以用续行符分割为多行表达。Python 的续行符是（　　）。

A. //　　B. \　　C. "　　D. #

9. Python 语言中的注释，说法不正确的是（　　）。

A. 可以单行注释

B. 可以多行注释

C. 多行注释可以使用连续 3 个单引号或连续 3 个双引号

D. 多行注释可以嵌套

第 3 单元
奇妙的数字

“小萌，你还记得天宫课堂吗？”

“当然记得，我亲眼看到了王亚平阿姨演示太空中失重环境下的好多现象，太神奇了！”

“对，之所以能天宫授课，都是因为航天技术的发展。航天技术是计算机在科学计算方面的重要应用，因为计算机诞生之初就是为了科学计算。你知道科学计算的基本处理对象是什么吗？”

“嗯，计算嘛，肯定是处理数字啰！”

“回答正确，现在就让我们一起来认识编程中奇妙的数字吧！”

数字是数学运算和推理表示的基础，数字类型是 Python 的基础数据类型之一。这里，我们先来认识 Python 中整数、浮点数、真假值和空值这几种基本数字类型的表示方式，并学会对它们进行基本的算术运算，迈出科学计算的第一步。

3.1 整　数

“小帅，你几岁了？”

“我 8 岁。”

整数（integer）用来表示整数数值，即没有小数部分的数值。整数对于计数和基本的数学运算来说很有用，比如小帅今年 8 岁，这个年龄值就是一个整数。再比如，我们从小练习数数，从 1 数到 100，这些也都是整数。在 Python 语言中，整数类型为 int，包括正整数、负整数和 0，而且它的位数是任意的。如果要指定一个非常大的整数，只需要写出其所有位数即可。

在 Python 中，整数都是 int（integer）对象的实例，其字面值以十进制（decimal）为主，特定情况下可以使用二进制（binary）、八进制（octal）或十六进制（hexadecimal）表示。

1. 十进制整数

十进制整数的表现形式大家都很熟悉。例如，下面的数值和算式都是有效的。

```
>>>1949
1949
>>>-2022
-2022
>>>0
0
>>>8888888888888888888888888888888888888888888888888888888888
888888888888888888888888888888888888888
8888888888888888888888888888888888888888888888888888888888888
888888888888888888888888888888888888
```

注意：不能以 0 作为十进制整数的开头（0 除外）。

2. 二进制整数

由 0 和 1 两个数组成，进位规则是“逢二进一”，并且以 0b/0B 开头，例如 0b101（转换为十进制整数为 5）或 0B1111（转换为十进制整数为 15）。

```
>>>0b101
5
>>>0b1111
15
```

3. 八进制整数

由 0 ~ 7 组成，进位规则为“逢八进一”，并且以 0o/0O 开头，例如 0o20（转换为十进制整数为 16）或 0O37（转换为十进制整数为 31）。

```
>>>0O20
16
>>>0O37
31
```

4. 十六进制整数

由 0 ~ 9、A ~ F（a ~ f）组成，进位规则为“逢十六进一”，并且以 0x/0X 开头，例如 0xf（转换为十进制整数为 15）或 0X3a（转换为十进制整数为 58）。

```
>>>0xf
15
>>>0X3a
58
```

5. 十进制整数

可以通过内置函数与其他进制进行转换，相关函数如表 3-1 所示。

表 3-1　进制转换内置函数

内置函数	说明
bin(int)	将十进制数值转换成二进制表示形式，转换的结果以 0b 为前缀

续表

内置函数	说　明
oct(int)	将十进制数值转换成八进制表示形式，转换的结果以 0o 为前缀
hex(int)	将十进制数值转换成十六进制表示形式，转换的结果以 0x 为前缀
int(s,base)	将字符串 s 依据 base 参数提供的进制数转换成十进制数

"小萌，你知道著名的'五四运动'发生在哪一年吗？"

"我知道，是 1919 年。"

"太棒了，那我们一起用内置函数来看看 1919 的各种进制对应的数值吧。"

【问题 3-1】 以下代码的输出结果是什么?

```
print("类型:",type(1919))
print("二进制:",bin(1919))
print("八进制:",oct(1919))
print("十六进制:",hex(1919))
```

【问题 3-2】 为什么下面所列举的整数是不合法的？

```
0456
0b123
0o789
0X5G
```

【问题3-3】 关于Python中整数的表示形式，错误的是（　　）。

A. 1919　　　　B. 0B123

C. 0o456　　　　D. 0x789

3.2 浮点数

“你们听说过祖率吗？”

“老师，我知道！我知道祖率就是圆周率π，3.1415926。”

“对，祖冲之对圆周率数值的精确推算值，对于中国乃至世界是一个重大贡献，所以后人用他的名字命名圆周率，简称‘祖率’。”

小知识：南北朝时，祖冲之算出的圆周率的近似值在3.1415926和3.1415927之间，他的圆周率精确值在当时世界遥遥领先，直到1000年后阿拉伯数学家阿尔卡西才超过他。

像3.1415926这样由整数部分和小数部分组成的数就是浮点数。在Python语言中，浮点数类型为float，例如1.414、0.5、–1.732等。

浮点数可以使用E记法（也叫科学计数法）表示，用于表示特别大和特别小的数。E的意思是指数，也可以写作e，其指底数为10，E（e）后边的数字就是10的多少次幂。例如，地球到火星的距离平均大约为2.25亿千米，等于

2.25×100000000，也就是 2.25×10^{8}，E 记法写作 2.25e8。如果给 Python 提供一些极端的数据，那么它会自动采用 E 记法来表示，例如，0.0000000000789 会被记作 7.89e–11。

```
>>>2.25e8
225000000.0
>>>0.0000000000789
7.89e-11
```

注意：(1) 浮点数的整数或小数部分为 0 时，书写时可以省略 0，但不能同时省略（1. 和 .1 都是合理的浮点数常量）。

(2) 在 E 记法中，要求 e（或 E）之前必须有数，之后的指数必须为整数。

【问题 3-4】 下面所列举的浮点数的 E 记法为什么是不合法的?

```
1.56E2.3
e5
3.5e-4.5
```

【问题 3-5】 关于 Python 中浮点数的表示，错误的是（　　）。

A. 8.　　　　B. –.45

C. 2.7E3.4　　　　D. .67e–2

3.3　真值和假值

“小萌，小帅，你们看过中央电视台财经频道的‘是真的吗’这个电视节目吗？”

“我看过，那是一个互动求证节目，每周六晚上 18:30 播出，特别有意思。”

“对，随着微博、博客、社交网站、即时通信、视频分享等传播渠道的发展，信息传播便捷自由，对于公众而言，面对各类传言，真假莫辨，不堪其扰。这个节目携手电视观众与广大网友，通过各大新媒体共同互动求真，对网络流言进行专业验证与权威实验，探求真相。建议你们多看看，培养求真务实的科学精神。”

一个句子所描述的东西有对有错，而关于一个句子所描述的东西的对错状况称为真假值。例如，“太阳会发光”的说法是对的，其值为真。而“太阳不会发光”的说法是错的，其值为假。

Python 提供了 bool 类型来表示真（对）或假（错）。比如，非零数字在程序世界里视为真（对），Python 使用 True 来代表；而数字零（0 或 0.0）在程序世界里视为假（错），Python 使用 False 来代表。

在 Python 中，所有对象都可以进行真值测试。如果不确定一个对象的真假，可以用内置函数 bool( ) 来判断。

```
>>>bool(0)
False
>>>bool(0.0)
False
```

```
>>>bool(3.14)
True
>>>bool(1949)
True
>>>bool(0b101)
True
```

值得一提的是，布尔类型可以当作整数来对待，即 True 相当于整数值 1，False 相当于整数值 0。因此，下面这些运算都是可以的：

```
>>>False+1
1
>>>True+1
2
```

注意：True 和 False 是 Python 中的关键字。当作为 Python 代码输入时，一定要注意字母的大小写，否则解释器会报错。

在 Python 中，所有的对象都可以进行真假值的测试，包括字符串、元组、列表、字典、对象等。由于目前尚未学习，因此这里不做过多讲述，后续遇到时会做详细的介绍。

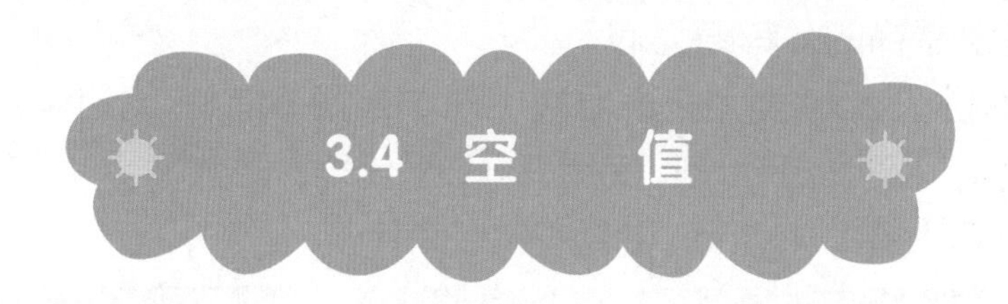

3.4 空 值

在 Python 中，有一个特殊的常量 None（N 必须大写）。和 False 不同，它不表示 0，也不表示空字符串，而表示没有值，也就是空值。

None 有自己的数据类型，可以在 IDLE 中使用内置函数 type( ) 查看它的类型，执行代码如下：

```
>>>type(None)
<class 'NoneType'>
```

可以看到，它属于 NoneType 类型。

需要注意的是，None 是 NoneType 数据类型的唯一值，也就是说，我们不能再创建其他 NoneType 类型的变量，但是可以将 None 赋值给任何变量。None 常用于 assert、判断以及函数无返回值的情况。

3.5　认识表达式

程序语言最大的作用就是将数据经过处理、运算后，转换成有用的信息供我们使用。Python 程序语言有不同种类的运算符，可以和操作数一起组成表达式，然后进行运算。表达式由操作数（operand）与运算符（operator）组成，具体说明如下。

操作数：包括变量、数值和字符。

运算符：包括算术运算符、赋值运算符、逻辑运算符和比较运算符等。

在 Python 中，根据参与运算的操作数的个数将运算符分为单目运算符和双目运算符，本节先介绍算术运算符及算术表达式。

算术运算符是处理类似四则运算的符号，在数字的处理中用得最多。常用的算术运算符如表 3-2 所示。

表 3-2　常用的算术运算符

运算符	含　义	实　例	结　果
+	加	12.5+15	27.5
–	减	4.56–1.36	3.20
*	乘	5*3.6	18.0
/	除	7/2	3.5
%	求余，即返回除法的余数	7%2	1
//	整除，即返回商的整数部分	7//2	3
**	幂，即返回 x 的 y 次方	2**3	8，即 2^3

注意：使用除法（/ 或 //）运算符和求余运算符时，除数不能为 0，否则将会出现异常，如图 3-1 所示。

```
IDLE Shell 3.10.2
File Edit Shell Debug Options Window Help
Python 3.10.2 (tags/v3.10.2:a58ebcc, Jan 17 2022, 14:12:15) [MS
C v.1929 64 bit (AMD64)] on win32
Type "help", "copyright", "credits" or "license()" for more inf
ormation.
>>> 5//0
Traceback (most recent call last):
  File "<pyshell#0>", line 1, in <module>
    5//0
ZeroDivisionError: integer division or modulo by zero
>>> 5/0
Traceback (most recent call last):
  File "<pyshell#1>", line 1, in <module>
    5/0
ZeroDivisionError: division by zero
>>> 5%0
Traceback (most recent call last):
  File "<pyshell#2>", line 1, in <module>
    5%0
ZeroDivisionError: integer division or modulo by zero
>>>
                                                    Ln: 18 Col: 0
```

图 3-1　除数为 0 时出现的错误提示

由算术运算符将运算对象连接而成的表达式就是算术表达式。Python 提供的算术运算符，其运算法则与数学中的运算法则相同：先乘除后加减，有括号者优先。

“在进行算术运算时，若参与运算的操作数类型不同，则会发生隐式类型的转换。”

隐式类型转换方式如表 3-3 所示。

表 3-3　隐式类型转换方式

操作数 1 的类型	操作数 2 的类型	隐式转换后的类型
布尔	整数	整数
布尔、整数	浮点	浮点

“要想实现正确的运算，先要能够写出正确的表达式。小萌，你知道代数式 $a\left(1+\dfrac{a-b}{100}\right)n$ 在程序代码里应该写成什么样的表达式吗？”

“老师，又是分式又是上标的，没法输入呀……”

“其实很简单，记住：乘号不能省略，用运算符和括号将式子的运算体现在一行上即可。上面这个代数式应该写作表达式：a*（1+（a–b）/100）**n。”

“我明白了，就像这个式子里分式用 /，次幂用 **。”

【问题 3-6】 代数式$\frac{-b+\sqrt{b^2-4ac}}{2a}$对应的表达式应该是什么样的？

【问题 3-7】 下面表达式的运算结果各是什么？

```
348/25
348//25
358%25
81**0.5
True+2.5
```

3.6　算术复合赋值运算符

在实际应用中，赋值运算符（=）可以与算术运算、位运算中的二元运算符构成复合赋值运算符，使得程序更加精练，提高效率。当 Python 解释器执行到复合赋值运算符时，先将左边变量与右边表达式做对应的二元运算，然后再将运算结果赋值给左边的变量。这里先介绍算术复合赋值运算符，其形式及运算规则如表 3-4 所示。

表 3-4　算术复合赋值运算符

运算符	含义	举例	展开形式
+=	加赋值	x+=y	x=x+(y)
−=	减赋值	x−=y	x=x−(y)
*=	乘赋值	x*=y	x=x*(y)
/=	除赋值	x/=y	x=x/(y)
%=	取余数赋值	x%=y	x=x%(y)
//=	取整除赋值	x//=y	x=x//(y)
**=	幂赋值	x**=y	x=x**(y)

注意：在复合赋值运算符中，默认将右边部分视作一个整体。

【问题 3-8】 以下程序段执行完后，x 的值是什么？

```
x, y=12, 3
x += y
x //= y+2
x **= y-1
```

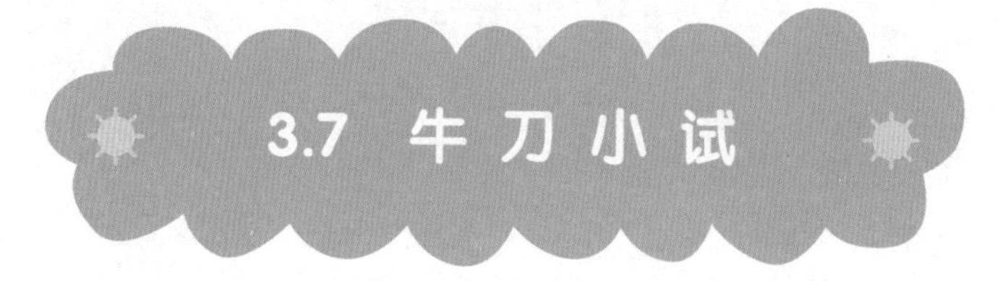

“小帅，你知道‘好好学习，天天向上’的典故是出自哪里的吗？”

“好像是毛主席给一个小学生写的题词。”

“对，这句话现在已经成为鼓励大家好好读书的代表了。持之以恒就能取得好成绩，反之则差距很大，下面我们一起来编程计算一下。”

【例 3-1】 天天向上的力量。

一年 365 天，以第 1 天的能力值为基数，记为 1.0，当好好学习时，能力值相比前一天提高 1%，当没有学习时，由于遗忘等原因，能力值相比前一天下降 1%。每天努力和每天放任，一年下来的能力值相差多少呢?

程序代码如下：

```
dayup=(1+0.01)**365
daydown=(1-0.01)**365
print("向上:",dayup,",","向下:",daydown)
```

程序的运行结果如下：

```
向上: 37.78343433288728 , 向下: 0.025517964452291125
```

“哇，每天努力，一年下来能力值提高了 37 倍啊！”

“天哪，每天放任的话，一年下来能力值基本归零了！”

“所以，学习和做事都贵在坚持啊！”

“嗯嗯，我们一定会好好努力的。”

“本单元重点介绍了 Python 中的基本数字类型、运算符和表达式。要求同学们能准确使用各种类型的数字，并能熟练地对其进行运算，为后续的代码编写打下良好基础。”

1. 小明的身高是 153.4cm，Python 中不能正确表达该身高的数值是（　　）。

A. `153.40`　　B. `1.534E2`　　C. `1534 / 10`　　D. `153.4cm`

2. x 是一个两位的整数变量，将其十位数与个位数交换位置的语句是（　　）。

A. `(x/10)%10 + x//10`　　B. `(x/10)%10 + x%10`

C. `(x%10)*10 + x%10`　　D. `(x%10)*10 + x//10`

3. 关于整数类型的 4 种进制表示，描述正确的是（　　）。

A. 二进制、四进制、八进制、十进制

B. 二进制、四进制、十进制、十六进制

C. 二进制、四进制、八进制、十六进制

D. 二进制、八进制、十进制、十六进制

4. 以下不是 Python 语言的整数类型的选项是（　　）。

A. `0B1010`　　B. `88`　　C. `0x9a`　　D. `0E99`

5. hex(255) 的执行结果是（　　）。

A. `'0xff'`　　B. `'-0xff'`　　C. `0xff.0`　　D. `0xff`

6. Python 语言 % 运算符的含义是（　　）。

A. x 与 y 之商　　B. x 与 y 的整数商

C. x 与 y 之商的余数　　D. x 的 y 次幂

7. 以下 Python 浮点数类型错误的是（　　）。

A. `0.0`　　B. `96e4`　　C. `-0x89`　　D. `9.6E5`

8. 100 // 3 的执行结果是 (　　)。

A. 3　　B. 33

C. 0.33333333333336　　D. 33.33333333333336

9. 100 / .3 的运算结果是 (　　)。

A. 3　　B. 33

C. 33.333333333333336　　D. 333.3333333333337

10. 100 ** (1/2) 的运算结果是 (　　)。

A. 50.0　　B. 10.0　　C. 50　　D. 10

11. 编写程序实现如下功能：

小明的考试成绩为语文 78 分、数学 85 分、英语 92 分。从键盘上输入这 3 科的分数，并计算它们的总分和平均分。

第 4 单元
字符的队伍
——字符串

4.1 字符串的创建

“小萌，给你猜个字谜：左边绿，右边红，左右相遇起凉风。绿的喜欢及时雨，红的最怕水来攻。”

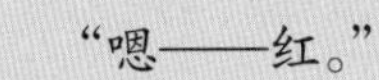

“嗯——红。”

“不对！”

“嗯——绿。”

“还是不对！”

“嗯——我猜不到！😱”

小帅和小萌的猜字谜游戏有趣吗？想用程序把它显示出来吗？这不是什么复杂的问题。其中主要涉及文本信息的处理。

1. 字符串的概念

在计算机的应用中，文本信息的存储和处理是十分常见的，它在程序中通常使用字符串类型来表示。在 Python 语言中，由一对双引号（"）或一对单引号（'）“包围”起来的文字就称为字符串或者字符串自变量。这些文字可以是中文、字母、数字，还可以是符号。

【问题 4-1】 下面哪些项是字符串?

```
"祖国，我爱你！ "
Huawei_p50
"'鸿蒙'"
'666'
```

"input( ) 函数将用户输入的内容当作一个字符串对象，这是获得用户输入的常用方式。要直接打印字符串，可以使用 print( ) 函数，这是输出字符串的常用方式。"

例如，下面的例子展示了一个字符串的输入及输出：

```
>>>n = input("请输入你的国籍：")
请输入你的国籍：中国
>>>print(n)
中国
```

又如，显示猜谜游戏对话，只要使用print( )函数就可以实现，程序代码如下：

```
print("左边绿，右边红，左右相遇起凉风。绿的喜欢及时雨，红的最怕水来攻。")
print("嗯—红。")
print("不对！ ")
print("嗯—绿。")
print("还是不对！ ")
print("嗯—我猜不到！ ")
```

运行结果如下：

```
左边绿，右边红，左右相遇起凉风。绿的喜欢及时雨，红的最怕水来攻。
嗯—红。
不对！
嗯—绿。
还是不对！
嗯—我猜不到！
```

2. 显示双引号

"老师，对话不是要用双引号括起来吗？上面的代码显示的对话都没有用双引号括起来，我们能给它加上吗？"

“当然可以，字符串中包含双引号就用单引号‘包围’它；同样，包含单引号就用双引号‘包围’它。”

例如：

```
>>>print('字符串中包含双引号就用单引号包围"它"。')
字符串中包含双引号就用单引号包围"它"。
>>>print("包含单引号就用双引号包围'它'。")
包含单引号就用双引号包围'它'。
```

【问题4-2】 编写程序代码，显示上述猜谜游戏对话内容的同时显示是谁说的。

例如：

```
左边绿，右边红，左右相遇起凉风。绿的喜欢及时雨，红的最怕水来攻。嗯—红。
```

显示为：

```
小帅说："左边绿，右边红，左右相遇起凉风。绿的喜欢及时雨，红的最怕水来攻。"
小萌说："嗯—红。"
```

“除了双引号和单引号外，字符串还可以用三引号（'''）括起来。三引号可以表示单行或者多行字符串。”

“有了三引号，我就可以把谜面显示得更整齐漂亮啦！”

3. 多行字符串的表示

小帅编写的显示谜面的代码如下：

```
print('''左边绿，右边红，
左右相遇起凉风。
绿的喜欢及时雨，
红的最怕水来攻。''')
```

运行结果如下：

```
左边绿，右边红，
左右相遇起凉风。
绿的喜欢及时雨，
红的最怕水来攻。
```

```
>>> print("嗯——我猜不到！")
嗯——我猜不到！
```

```
>>> print("嗯——我猜不到！")
SyntaxError: invalid character in identifier
```

注意：表示字符串用的双引号是英文方式下的，和我们平时写文章用到的双引号是有区别的。

小萌出错的原因是：____

____

____

____。

4.2　字符串的引用

“小萌，我心里想了一个字母，在字母表里正着数是第 15 个，倒着数是第 11 个，你猜这个字母是什么？”

“‘ABCDEFGHIJKLMNOPQRSTUVWXYZ’……？？？”

字符串是字符的序列，每个字符在字符串中的位置可以用数字序号表示，序号也叫作索引。如图 4-1 所示，序号的排列方式有两种：从左往右数，序号从“0”开始依次递增；从右往左数，序号从“–1”开始依次递减。

反向依次递减 ←

−10	−9	−8	−7	−6	−5	−4	−3	−2	−1
A	B	C	D	E	F	G	H	I	J
0	1	2	3	4	5	6	7	8	9

正向依次递增 →

图 4-1　字符在字符串中序号的排列方式

【问题 4-3】 26 个字母组成的字符串“ABCDEFGHIJKLMNOPQRSTUVWXYZ”，最右侧的“Z”正向序号是几？最左侧的“A”反向序号是几？

1. 字符串的索引

“小帅，上次字谜的谜底是什么？”

“是‘秋’字。小萌真是‘敏而好学，不耻下问’。”

“小帅，你说的这句话里第一个字和倒数第3个字我不会写，你能写给我看看吗？”

“我用程序写给你看吧！”

字符串可以按照单个字符进行索引，即可以使用字符在字符串中的序号来引用它。根据字符串的序号体系，第1个字符的序号为“0”，倒数第4个字符的序号为“-4”，所以，小帅写的输出这两个字的代码及运行结果如下：

```
>>>print("敏而好学，不耻下问。"[0])
敏
>>>print("敏而好学，不耻下问。"[-4])
耻
```

2. 字符串的切片

Python引用字符串中的元素，除索引方式外，还可采用[:]方式来截取字符串中的一部分。[N:M]截取的是字符串中从N到M（不包含M）的一部分，其中，*N*、*M*为字符串的索引序号，省略*N*表示截取从头开始，省略*M*表示截取到最后一个字符为止，可以使用正向递增序号和反向递减序号。

例如，截取“敏而好学，不耻下问。——《论语》”中的文字符号，可以用以下程序代码：

```
>>>t="敏而好学，不耻下问。——《论语》"
>>>print(t[-4:])
《论语》
>>>print(t[-4],t[-3:-1],t[-1])
《 论语 》
```

```
>>>print(t[13:-1])
论语
>>>print(t[:10])
敏而好学，不耻下问。
>>>print(t[:])
敏而好学，不耻下问。——《论语》
```

还可以使用 [N:M:k] 的格式，在截取字符串的时候指定步长值，其中，k 为步长值，例如，t[2::6] 截取字符串 t 从序号为 2 的字符开始到字符串结束的一部分，其中步长值为 6。

```
>>>t="敏而好学，不耻下问。——《论语》"
>>>print(t[2::6])
好问语
```

【例 4-1】 小帅的学号是“20200132”，其中前 4 位表示他的年级，接下来 2 位表示班级，最后 2 位是他在班级里的编号，你能分别切出它们吗?

代码如下：

```
print("小帅的年级是：")
print("20200132" [:4],"级")
print("小帅的班级是：")
print("20200132" [4:6],"班")
print("小帅在班里的编号是：")
print("20200132" [-2:],"号")
```

运行结果如下：

```
小帅的年级是：
2020 级
小帅的班级是：
01 班
小帅在班里的编号是：
32 号
```

【问题 4-4】 你能从你的身份证号码里切出自己的生日吗?

4.3 字符串的操作及常用方法

1. 字符串的操作

“小帅，你连词成句的作业做完了吗？”

“做完了啊，我还用程序写了一遍呢！”

在 Python 中，字符串也可以使用 +、* 等运算符进行运算，但它的运算规则和数学的可不一样，如表 4-1 所示。

表 4-1 字符串的基本操作

操作符	描述
+	x+y，表示连接两个字符串 x+y
*	x * n 或 n * x，把字符串 x 复制 n 次
in	x in s，判断 x 是否包含在 s 中，若包含，则值为 True，否则值为 False

【例 4-2】（小帅的连词成句作业）将“好”“事情”“做了”“不少”“青蛙”连成一个句子，并输出。

```
>>>print(" 青蛙 "+" 做了 "+" 不少 "+" 好 "+" 事情 ")
青蛙做了不少好事情
```

"'*' 运算就像山谷回音一样，可以让一句话重复多次。"

例如，下面的语句将"祖国，我爱你！"重复 3 遍：

```
>>>print("祖国，我爱你！"*3)
祖国，我爱你！祖国，我爱你！祖国，我爱你！
```

2. 字符串的常用方法

"1，2，3，4，5，6……"

"小萌，你在做什么呢？数数吗？"

"老师不是说要写 100 字的写话练习吗？我在数写够了没有。"

"我用 len( ) 来帮你数吧。"

Python 提供了很多"工具"，帮助我们更快地完成某些特定的任务，这些"工具"就是系统提供的函数和方法，如表 4-2 所示。

表 4-2 字符串的基本函数与处理方法

函数	描述
len()	用于获取字符串的长度
chr()	chr(x)，返回 Unicode 编码 x 对应的单字符
ord()	ord(x)，返回单字符 x 表示的 Unicode 编码
split()	通过指定分隔符对字符串进行分割
strip()	用于移除字符串头尾指定的字符（默认为空格或换行符）或字符序列

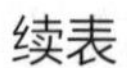

函　数	描　述
count()	用于统计字符串里某个字符或子字符串出现的次数
join()	用于将序列中的元素以指定的字符连接生成一个新的字符串

使用 len(x) 函数可获取 x 的长度或项目个数，x 可以是字符、列表、元组等。在 Python 字符串中，英文字符和中文字符都是 1 个长度单位。例如：

```
>>>len("I love China！ ")
13
>>>len(" 祖国，我爱你！ ")
7
```

【例 4-3】 以如下方式输出小帅的身份信息。

*帅 53***************52

程序代码如下：

```
n=" 小帅 "
s="530103201206190352"
nsMask=n[0]+"*"+n[-1]+s[:2]+"*"*len(s[2:-3])+s[-2:]
print(nsMask)
```

"需要在字符中使用特殊字符时，Python 用反斜杠 '\' 转义字符，转义字符为一个符号，'\n' 表示换行。"

【问题 4-5】 len(" 天 \n 地 \n 人 ") 的值是多少?

以下是小萌编写的程序，功能是从键盘输入一个数，输出它加"1"的结果。

```
s=input()
s1=s+1
print(s1)
```

运行结果如图 4-2 所示。

```
============== RESTART: C:/Users/asus/Documents/paat/zhaocha-2.py =======
5
Traceback (most recent call last):
  File "C:/Users/asus/Documents/paat/zhaocha-2.py", line 2, in <module>
    s1=s+1
TypeError: can only concatenate str (not "int") to str
```

图 4-2　程序运行出错界面

可以把小萌的代码 s1=s+1 改为 s1=chr(ord(s)+1)；将 s 先转变为它对应的 Unicode 编码，加“1”后再转变成其对应的字符形式。修改后的程序运行结果如图 4-3 所示。

```
============== RESTART: C:/Users/asus/Documents/paat/zhaocha-2.py ==============
5
6
```

图 4-3　修改后程序正常运行界面

“为什么错了啊？！”

“input( ) 函数将用户输入的内容当作一个字符串类型，所以小萌的代码中变量 s 是一个字符，不能和数值‘1’直接相加，需要先‘加工’一下。”

小知识：存到计算机中的字符都需要转变成 0、1 的序列，转变的方法有多种，Python 中常用的是 Unicode 编码方案。

方法的使用和函数略有不同，引用的格式是 str. 方法名 ( )，其中 str 表示要操作的字符串。例如：

```
>>>"I love China!".split()
['I', 'love', 'China!']
>>>s="=*=*= 五星红旗 =*=*="
```

```
>>>s.strip('=')
'*=*= 五星红旗 =*=*'
>>>s.lstrip('=')
'*=*= 五星红旗 =*=*='
>>>s.rstrip('=')
'=*=*= 五星红旗 =*=*'
>>>s.strip('=*')
' 五星红旗 '
>>>p=" 啊！祖国，我的祖国！您是大树，我是树叶，一片叶子便是一片春色；祖国！您是土壤，我是禾苗，输出您全部血液为了我的收获；祖国！您是长江，我是小河，我愿用涓涓细流壮您浩荡的行色；祖国！您是太阳，我是云朵，终生守护您的辉煌、您的灿烂、您的圣洁；祖国！这天，我们又一次庆祝您的生日，看到您新的振兴、新的开拓！"
>>>p.count(" 祖国 ")
6
>>>seq=(" 祖国！"," 您是土壤，"," 我是禾苗，"," 输出您全部血液为了我的收获；")
>>>"".join(seq)
' 祖国！您是土壤，我是禾苗，输出您全部血液为了我的收获；'
```

4.4 字符串的格式化

“小萌，你在干嘛呢？”

“我在做数学题呢。”4*1 = 44*2 = 84*3 = 124*4 = 16

“小萌，你都在算 3 位数的乘法啦？可怎么越乘越小呢？”

“没有啊！我算的是 1 位数的乘法。”

“知道了，原来你把结果和被乘数写得连在一起了！”

字符串的表示要注意格式，否则就有可能像小萌这样引起误解。Python 语言主要采用 format( ) 方法进行字符串格式化。

1. format( ) 方法的基本格式

字符串 format( ) 方法的基本使用格式如下：

```
模板字符串 . format ( 逗号分隔的参数 )
```

模板字符串由几对大括号（{ }）组成，用来控制修改字符串中嵌入值出现的位置。在 format( ) 方法中，逗号分隔的参数将按照序号关系替换到模板字符串的大括号中。如果大括号中没有序号，则按照出现顺序替换；如果大括号中指定了使用参数的序号，则按照序号对应参数替换。参数从 0 开始编号。使用方法如图 4-4 和图 4-5 所示。

```
>>>"{ }: 今天是祖国的第 { } 个生日，{ } 祝愿祖国繁荣昌盛！"
    .format("2021-10-1",72,"我们")
    '2021-10-1: 今天是祖国的第 72 个生日，我们祝愿祖国繁荣昌盛！'
```

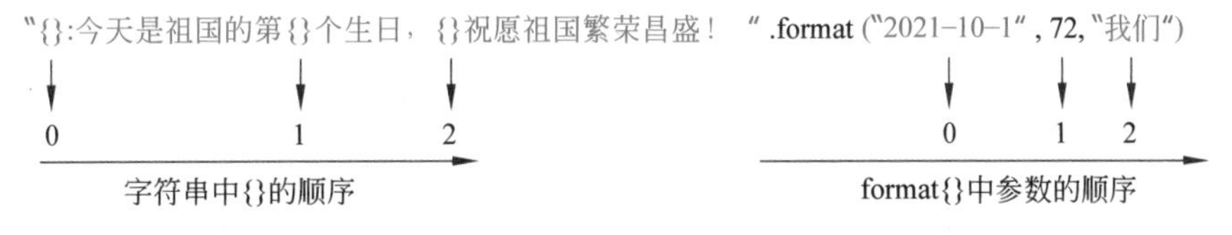

图 4-4　字符串 format 方法各部分含义

```
>>>"{1}: 今天是祖国的第 {0} 个生日，{2} 祝愿祖国繁荣昌盛！"
    .format(72,"2021-10-1","我们")
    '2021-10-1: 今天是祖国的第 72 个生日，我们祝愿祖国繁荣昌盛！'
```

"{1}:今天是祖国的第{0}个生日，{2}祝愿祖国繁荣昌盛！" .format (72, "2021-10-1" , "我们")

图 4-5　字符串 format 方法的替代顺序

2. format( ) 方法的格式控制

format( ) 方法中模板字符串的大括号（{ }）除了包括参数序号，还可以包括格式控制信息。大括号（{ }）内的样式如下：

{ 参数序号 : 格式控制标记 }

其中，格式控制标记用来控制参数显示时的格式，包括 < 填充 >< 对齐 >< 宽度 ><，><. 精度 >< 类型 >6 个字段，如表 4-3 所示。

表 4-3　格式控制标记

< 填充 >	< 对齐 >	< 宽度 >	<，>	<. 精度 >	< 类型 >
输出宽度不足时用于填充的字符	< 左对齐 > 右对齐 ∧居中对齐	设定输出的宽度值	数字的千分位分隔符	浮点数小数部分的精度或字符串的最大输出长度	整数类型：b,c,d,o,x,X 浮点数类型：e,E,f,%

【例 4-4】 编写代码实现如下功能：输入两个整数 a 和 b，输出 a*b 的值。要求以算式的形式输出，运算结果的宽度为 3。

程序代码如下：

```
a=int(input())
b=int(input())
print("{}*{}={:3}".format(a,b,a*b))
```

注意：format( ) 参数长度比设定的 < 宽度 > 值大时，使用参数实际长度。没有指明 < 填充 > 字符时，采用空格补足宽度。

<. 精度 > 由小数点（.）开头，对于浮点数，精度表示小数部分输出的有效位数；对于字符串，它表示输出的最大长度。例如：

```
>>>"{:.2f}".format(3.1415926)            #f 表示输出浮点数的标准形式
'3.14'
>>>"{:*^10.2f}".format(3.1415926)
# 输出宽度为 10，居中对齐且以 * 填充不足位
'***3.14***'
>>>"{:.4}".format("PYTHON")
'PYTH'
>>>"{:4}".format("PYTHON")
'PYTHON'
```

< 类型 > 表示输出整数和浮点数的格式规则，如表 4-4 所示。

表 4-4　格式规则列表

整数类型格式	浮点数类型格式
b：输出整数的二进制形式	e：输出浮点数对应小写字母 e 的指数形式
c：输出整数对应的 Unicode 字符	E：输出浮点数对应大写字母 E 的指数形式
d：输出整数的十进制形式	f：输出浮点数的标准形式
o：输出整数的八进制形式	%：输出浮点数的百分数形式
x：输出整数的小写十六进制形式	
X：输出整数的大写十六进制形式	

例如：

```
>>>"{0:b},{0:c},{0:d},{0:o},{0:x},{0:X}".format(666)
'1010011010,ʚ,666,1232,29a,29A'
>>>"{0:e},{0:E},{0:f},{0:%}".format(3.1415)
'3.141500e+00,3.141500E+00,3.141500,314.150000%'
>>>"{0:.3e},{0:.3E},{0:.3f},{0:.3%}".format(3.1415)
'3.142e+00,3.142E+00,3.142,314.150%'
```

“本单元中，我们知道了什么是字符串，字符串要如何引用，如何使用字符串的索引与切片来获取需要的信息。还知道了不仅数值有‘+’和‘*’的运算，字符串也可以。如何按照需要的格式来输出信息，相信大家也已经掌握了，下一单元我们将学习另一种序列类型——列表，请大家准备好哦！”

习　题　4

1. "你好，世界。"[2::3] 的结果是（　　）。

   A. '，。'　　B. '好界'　　C. '，界'　　D. '好世'

2. 关于 Python 字符串的操作，叙述**不正确**的是（　　）。

   A. '3'+'5' 的值为 '35'

   B. "1234567890" [::2] 的值为 '24680'

   C. "*"*5 的值为 '*****'

   D. "Total:{:.2f}".format(15) 的值为 'Total:15.00'

3. 运行下面的代码段，输出的结果是（　　）。

```
sTmp = "202001234小帅"
sMask = sTmp[:4] + "*" * len(sTmp[4:-1]) + sTmp[-1]
print(sMask)
```

   A. 2020*******帅　　B. 20200******帅

   C. 2020******帅　　D. 2020*******小帅

4. "Hello,world!"[::2] 的结果是（　　）。

   A. 'Hello,worl'　　B. 'He'

   C. 'Hlowrd'　　D. 'Hlowrd!'

5. 设 a=66.166，若输出为“商品总价为 66 元”，则使用的语句是（　　）。

   A. print("商品总价为{:.2f}元".format(a))

   B. print("商品总价为{:2}元".format(a))

   C. print("商品总价为",a, "元")

   D. print("商品总价为{}元".format(int(a)))

6. 运行下面的代码段，输出的结果是（　　）。

```
ID = "202001235"
NAME = "小萌"
result = ID[:6] + "*"*4 + NAME[-2:]
print(result)
```

A. 202001****萌　　B. 20200****小萌
C. 2020012****萌　　D. 202001****小萌

7. "Hello,world!"[1:11:2] 的结果是（　　）。
A. 'ello,world'　　B. 'el,ol!'
C. 'el,ol'　　D. 'Hlowrd'

8. 设 price=58.166，若要输出结果为“商品总价为 58.17 元”，则应使用的语句是（　　）。
A. print("商品总价为{:.2f}元".format(price))
B. print("商品总价为{.2f}元".format(price))
C. print("商品总价为{:2}元".format(price))
D. print("商品总价为", price, "元")

9. 在 Python 中，语句 print(len("秋天来了\n树叶黄了")) 的输出结果是（　　）。
A. 4　　B. 5　　C. 9　　D. 10

10. 运行下面的代码段，分别输入 90 和 105 后，输出的结果是（　　）。

```
a = int(input("第1次一分钟跳绳成绩："))
b = int(input("第2次一分钟跳绳成绩："))
print("你的跳绳成绩为：每分钟{}次".format(int((a+b)/2)))
```

A. 你的跳绳成绩为：每分钟 97 次
B. 你的跳绳成绩为：每分钟 98 次
C. 你的跳绳成绩为：每分钟 97.5 次
D. 你的跳绳成绩为：每分钟 97.0 次

11. 编写程序，实现求解单字符转换问题，要求如下：

（1）使用 input( ) 接收用户输入的一个英文字符（大小写均可）。

（2）按下方输入字符和转换字符一一对应的关系，输出这个字符对应的转换字符。

输入字符：abc…xyzABC…7XYZ

转换字符：cde…zabCDE…ZAB

说明：

（1）输入的字符为 a~x 和 A~X 中的任意一个，输出的应为该字符按英文字母顺序的下数第 2 个。例如，输入为 a，输出为 c；输入为 C，输出为 E；输入字符 y、z、Y、Z，依次对应字符 a、b、A、B。

（2）input( ) 函数中不要增加任何提示用参数。

（3）输出结果不要使用任何空格等空白字符修饰。

输入示例 1：

```
C
```

输出示例 1：

```
E
```

输入示例 2：

```
y
```

输出示例 2：

```
a
```

第 5 单元
混合的队伍
——列表

5.1 列表的创建与删除

“呜——，火车运货来啦，第一节车厢装鸡蛋，第二节车厢装水果，第三节车厢装蔬菜，……”

列表是包含 0 个或多个数据项的有序序列，就像一列可以装载各种“货物”的列车，每节车厢放置一个数据项，如图 5-1 所示。列表的长度和内容都是可变的，可以自由对列表中的数据项进行增加、删除或替换，它没有长度限制，元素类型可以不同，使用非常灵活。

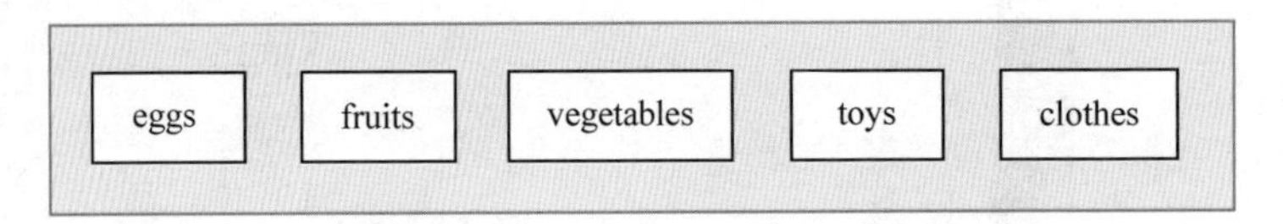

图 5-1 “火车”中的货物排列

1. 创建列表

创建一个列表，是把用逗号分隔的不同的数据项使用方括号（[]）括起来，例如：

```
list1 = ['我', '爱', '我的', '祖国']
list2 = ['eggs','fruits','vegetables','toys','clothes']
list3 = [1,2,3,4,5,6]
```

【问题 5-1】 ls = [] 是否创建了一个列表？

“[ ] 表示空列表，ls = [ ] 表示创建一个空列表 ls；
还可以直接使用 list( ) 函数来返回一个空列表。”

列表中，数据项的类型可以不同，列表的数据项还可以也是列表，例如：

```
list4 = ['我', 'fruits',101]
list5 = ['我', 'fruits',101, [1,2,'three'] ]
```

2. 删除列表的元素

“老师，列车可以卸货，列表也可删除元素吗？”

“当然可以，要删除列表元素有多种方法。”

1）使用 del 语句删除列表元素

要删除列表中指定位置的元素可以使用 del 语句，例如：

```
>>>ls=['eggs','fruits','vegetables','toys','clothes']
>>>print("原始列表：", ls)
原始列表：['eggs','fruits','vegetables','toys', 'clothes']
>>>del  ls[1]
>>>print("删除第二个元素后：", ls)
删除第二个元素后：['eggs', 'vegetables', 'toys', 'clothes']
```

2）使用 pop( ) 函数删除列表元素

pop( ) 函数可以移除列表中的一个元素（默认最后一个元素），并且返回该元素的值，例如：

```
>>>ls=['eggs','fruits','vegetables','toys','clothes']
>>>ls.pop()
```

```
'clothes'
>>>print(" 列表变为： ", ls)
列表变为：  ['eggs', 'fruits', 'vegetables', 'toys']
>>>ls.pop(0)
'eggs'
>>>print(" 列表变为： ", ls)
列表变为：  ['fruits', 'vegetables', 'toys']
```

3）使用 remove( ) 函数删除列表元素

```
>>>ls=['eggs','fruits','vegetables','toys','clothes']
>>>ls.remove("toys")
>>>print(" 列表变为： ", ls)
列表变为：  ['eggs', 'fruits', 'vegetables', 'clothes']
```

4）使用 clear( ) 函数删除列表的所有元素

例如：

```
>>>ls=['eggs','fruits','vegetables','toys','clothes']
>>>ls.clear()
>>>print(" 删除后的列表： ", ls)
删除后的列表：  [ ]
```

以下是小萌编写的代码，功能是从列表 [5,4,3,2,1] 中删除第二个元素。

```
>>>ls=[5,4,3,2,1]
>>>ls.remove(1)
>>>print(" 删除第二个元素后： ", ls)
删除第二个元素后：  [5, 4, 3, 2]
```

“第二个元素的索引值不是 1 吗？为什么没有删除第二个元素 4 呢？”

5.2　列表的索引和访问

“老师，我知道什么是列表啦，它就像一列装载各种‘货物’的列车，但我们要怎么访问各节车厢呢？”

“与字符串一样，列表也有索引，通过索引可以方便地访问列表的各个元素。”

1. 列表的索引

与字符串的索引一样，列表索引从“0”开始，第二个索引是“1”，以此类推，如图 5-2 所示。

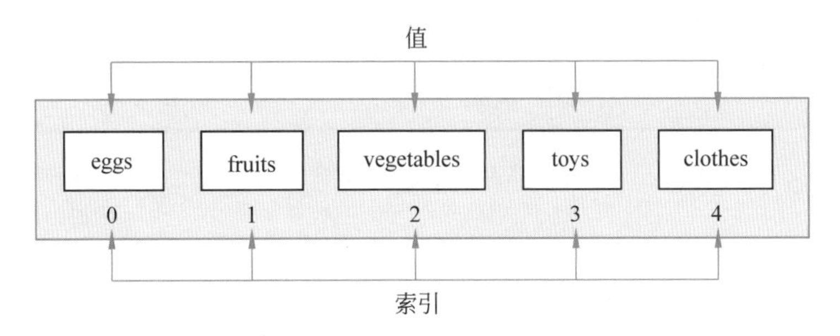

图 5-2　列表的正向索引

索引也可以从尾部开始，最后一个元素的索引为 –1，往前一位为 –2，以此类推，如图 5-3 所示。

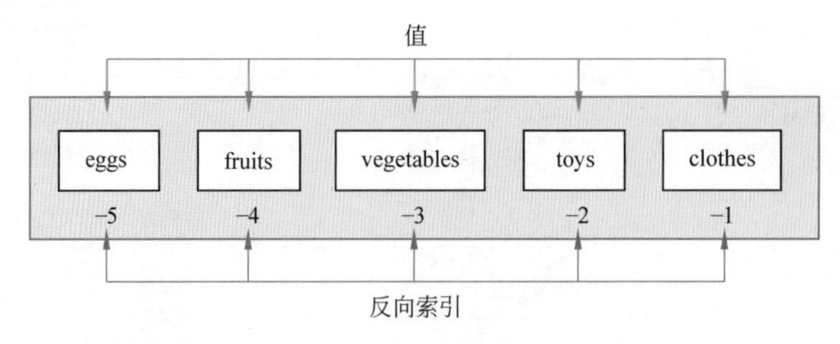

图 5-3　列表的反向索引

访问列表的值可以通过列表名加索引来实现，例如：

```
>>>ls=['eggs','fruits','vegetables','toys','clothes']
>>>print(ls[0])
eggs
>>>print(ls[1])
fruits
>>>print(ls[-1])
clothes
>>>print(ls[-5])
eggs
```

【例 5-1】 编写程序代码，实现选词填空功能，如图 5-4 所示。

继续　　连续　　陆续　　持续

观众们（ ）走进体育馆观看乒乓球赛。在男子单打比赛决定胜负的最后一分钟，两名运动员（ ）打了十几个回合才见分晓。接着，（ ）进行女子双打比赛。运动员们高超精湛的球技，博得观众一片喝彩，掌声（ ）了整整一分钟。

图 5-4　选词填空题目

程序代码如下：

```
ls=['继续','连续','陆续','持续']
print("　　观众们（",ls[2],"）走进体育馆观看乒乓球赛。\
在男子单打比赛决定胜负的最后一分钟，两名运动员（",ls[1],"）\
打了十几个回合才见分晓。\
接着，（",ls[0],"）进行女子双打比赛。\
```

```
运动员们高超精湛的球技，博得观众一片喝彩，掌声（",ls[3],"）\
了整整一分钟。")
```

运行结果如下：

观众们（ 陆续 ）走进体育馆观看乒乓球赛。在男子单打比赛决定胜负的最后一分钟，两名运动员（ 连续 ）打了十几个回合才见分晓。接着，（ 继续 ）进行女子双打比赛。运动员们高超精湛的球技，博得观众一片喝彩，掌声（ 持续 ）了整整一分钟。

"可以通过 for-in 语句对列表元素进行遍历，基本语法结构如下：
for <变量名> in <列表名>："

【问题 5-2】 有如下列表：

```
ls=['牙刷','衣架','饼干','充电器']
```

编写代码选出列表中不是同类的词组。

2. 列表的截取

访问列表元素和访问字符串一样，除了索引的方式，还可以使用方括号 [ ] 的形式截取。

【例 5-2】 以下是小萌数学期末考试的得分，输出她第三到第六题的得分情况：

题号	一	二	三	四	五	六	七	八	总分
得分	8	10	9	9	12	11	13	11	83

程序代码如下：

```
score=[8,10,9,9,12,11,13,11,83]
print("小萌数学期末考试每题的得分为：")
print(score)
print("小萌第三到第六题的得分分别是：",score[2:6])
```

运行结果如下：

```
小萌数学期末考试每题的得分为：
[8, 10, 9, 9, 12, 11, 13, 11, 83]
小萌第三到第六题的得分分别是： [9, 9, 12, 11]
```

5.3 列表元素的控制

列表是一个十分灵活的数据结构，它具有处理任意长度、混合类型数据的能力，并提供了丰富的基础操作符和方法。小帅和小萌玩猜拳游戏，三局两胜，要记录他们每次出拳的结果就可以使用列表来实现。

1. 增加列表元素

Python 提供了很多函数和方法来完成列表的操作，增加列表元素常使用 append( ) 函数来实现。

"小帅，我们来玩猜拳的游戏吧？"

"好啊！三局两胜。"

【例 5-3】 模拟小帅和小萌猜拳游戏的过程并记录。

分析：先创建两个空列表，准备存放小萌和小帅的出拳结果，每出拳一次在列表中增加一个元素，创建两个变量，分别存放小萌和小帅的得分，3 次出拳后得分高者胜，如图 5-5 所示。

程序代码如下：

小萌	剪刀	石头	剪刀
小帅	布	布	石头

图 5-5 猜拳游戏模拟

```
xm=[]
xs=[]
m=s=0
print("第一轮：小萌出剪刀，小帅出布")
xm.append("剪刀")
xs.append("布")
m=m+1
print("第二轮：小萌出石头，小帅出布")
xm.append("石头")
xs.append("布")
s=s+1
print("第三轮：小萌出剪刀，小帅出石头")
xm.append("剪刀")
xs.append("石头")
s=s+1
print("小萌依次出拳为：",xm,"得分为：",m)
print("小帅依次出拳为：",xs,"得分为：",s)
```

运行结果如下：

```
第一轮：小萌出剪刀，小帅出布
第二轮：小萌出石头，小帅出布
第三轮：小萌出剪刀，小帅出石头
小萌依次出拳为： ['剪刀', '石头', '剪刀'] 得分为： 1
小帅依次出拳为： ['布', '布', '石头'] 得分为： 2
```

除了 append( ) 函数外，增加列表元素还可以通过 insert( ) 函数、extend( ) 函数或“+”运算符来实现，例如：

```
>>>rainbow=["red","yellow","green"]
>>>rainbow.insert(1,"orange")
# 在列表 rainbow 索引 1 的位置加入元素 "orange"
>>>rainbow
['red', 'orange', 'yellow', 'green']
>>>t1=["indigo"]
```

```
>>>t2=["blue","violet"]
>>>rainbow.extend(t1)          # 将列表 t1 增加到列表 rainbow 中
>>>rainbow
['red', 'orange', 'yellow', 'green', 'indigo']
>>>rainbow+=t2                 # 将列表 t2 增加到列表 rainbow 中
>>>rainbow
['red', 'orange', 'yellow', 'green', 'indigo', 'blue', 'violet']
```

【问题 5-3】 将列表 s2、s3 的内容添加到 s1 中。

s1=[“富强”,“民主”,“文明”,“和谐”]

s2=[“自由”,“平等”,“公正”,“法治”]

s3=[“爱国”,“敬业”,“诚信”,“友善”]

2. 修改列表元素

修改列表元素主要有如表 5-1 所示的几种赋值方式。

表 5-1 修改列表方法

方 法	描 述
ls[i]=x	替换列表 ls 第 i 项数据为 x
ls[i:j]=lt	用列表 lt 替换列表 ls 中第 i 到第 j 项数据（不含 j 项）
ls[i:j:k]=lt	用列表 lt 替换列表 ls 中第 i 到第 j 项以 k 为步长的数据

例如：

```
>>>ls=[0,1,2,3,4]
>>>ls[0]="Sunday"
>>>ls
['Sunday', 1, 2, 3, 4]
>>>ls[1:3]=["Monday","Tuesday"]
>>>ls
['Sunday', 'Monday', 'Tuesday', 3, 4]
```

从上述例子中可以看出，在列表的赋值中，不仅可以改变列表元素的值，还可以改变其数据类型。另外，使用一个列表改变另一个列表的值时，Python 不要求两个列表的长度一样，例如：

```
>>>ls[1:3]=["Monday1","Tuesday1",6]
>>>ls
['Sunday', 'Monday1', 'Tuesday1', 6, 3, 4]
>>>ls[1:4]=["Monday2","Tuesday2"]
>>>ls
 ['Sunday', 'Monday2', 'Tuesday2', 3, 4]
```

3. 列表的其他操作

"小帅，老师让我统计这学期期末考分的排名，你能帮帮我吗？"

"可以啊！用列表的一个方法就好。"

列表类型的常用函数或方法如表 5-2 所示。

表 5-2　列表类型的常用函数或方法

函数或方法	描　述
len(ls)	求列表 ls 的元素个数
max(ls)	返回列表 ls 元素最大值
min(ls)	返回列表 ls 元素最小值
ls.count(x)	统计元素 x 在列表 ls 中出现的次数
ls.index(x)	从列表 ls 中找出值 x 第一个匹配项的索引位置
ls.reverse( )	将列表 ls 中的元素反转
ls.sort(key=None, reverse=False)	对列表 ls 进行排序，默认升序排序
ls.copy( )	复制列表 ls

【例 5-4】 以下是小萌班级的期末考试成绩，请将这些分数按降序排序并输出。

86	76	90	92	97	79	82	84	78	66

程序代码如下：

```
score=[86,76,90,92,97,79,82,84,78,66]
print(" 小萌班级的期末考试成绩为：",score)
score.sort(reverse=True)
print(" 排序后的期末考试成绩为：",score)
```

运行结果如下：

```
小萌班的期末考试成绩为： [86, 76, 90, 92, 97, 79, 82, 84, 78, 66]
排序后的期末考试成绩为： [97, 92, 90, 86, 84, 82, 79, 78, 76, 66]
```

【问题5-4】 ls=[3,5,6,4,7]，请对列表按照升序和降序的方式分别排列。

"注意：sort( ) 函数的 reverse 参数表示排序规则，reverse = True 表示降序，reverse = False 表示升序，也是默认值。"

除了排序，列表的常用方法还可以方便地实现求最大元素、最小元素，求列表元素个数等功能，例如：

```
>>>score=[86,76,90,92,97,79,82,84,78,66]
>>>max(score)
97
>>>min(score)
66
>>>len(score)
10
>>>score.index(97)
4
>>>score.reverse()
```

```
>>>score
[66, 78, 84, 82, 79, 97, 92, 90, 76, 86]
>>>score.count(82)              #82 在 score 列表中出现了 1 次
1
>>>85 in score                  # 判断 85 是否在列表 score 中
False
```

"本单元学习了 Python 中的'小火车'——列表，列表和字符串一样具有序列类型通用的索引和切片方法，也有自己独有的特性，是 Python 中使用频率很高的一种数据类型。灵活地运用好列表可以帮助我们更好地编制出高效简洁的程序，解决实际中的问题，大家可要多多练习列表的使用哦！"

习题 5

1. 运行下方代码段后，li01 和 li02 中的内容分别是（　　）。

```
li01 = [1,2,3]
li02 = li01.copy()
li02.remove(1)
```

A. li01 的内容为 [1,3]
li02 的内容为 [1,3]

B. li01 的内容为 [1,2,3]
li02 的内容为 [1,3]

C. li01 的内容为 [2,3]
li02 的内容为 [2,3]

D. li01 的内容为 [1,2,3]
li02 的内容为 [2,3]

2. 运行下方代码段后，输出的结果是（　　）。

```
li01 = [1,1,2,3,1,2,3,3]
t01 = tuple(li01)
set01 = set(li01)
```

```
print(len(t01))
print(len(set01))
print(4 in set01)
```

注：tuple( ) 函数将列表转换为元组，元组与列表类似，不同之处在于元组的元素不能修改，元组的数据项使用小括号括起来。

set( ) 函数创建一个无序不重复元素集，可删除重复数据。

A. 8	B. 3	C. 8	D. 8
8	8	3	3
False	True	True	False

3. 运行下面的代码段后，li 中的内容是（　　）。

```
li=[5,4,3,2,1,0]
li.pop(1)
```

A. [5,3,2,1,0]　　B. [5,4,3,2,0]

C. [4,3,2,1,0]　　D. [5,3,2,0]

4. 运行下面的代码段后，输出的结果是（　　）。

```
a=[2,3]
b=[5,6]
s=a+b
print(s)
```

A. [7,9]　　B. [2,3,5,6]

C. [[2,3],[5,6]]　　D. [2,3,[5,6]]

5. 运行下面的代码段后，输出的结果是（　　）。

```
li=[1,2,3,4,5]
li.insert(1,4)
```

A. [1,4,2,3,4,5]　　B. [1,2,3,4,1,5]

C. [1,4,1,2,3,4,5]　　D. [1,2,3,4,5,1,4]

6. 运行下面的代码段后，输出的结果**不为**“5”的是（　　）。

```
li=[1,1,1,1,1,5]
```

A. `len(li)`　　B. `len(li[1: ])`

C. `max(li)`　　D. `li.count(1)`

第 6 单元
变身小魔术
——类型转换

“小萌，你知道 1 只猫加 1 只狗等于多少吗？”

“狗和猫怎么相加啊？？？！！！”

“O(∩ _ ∩)O，等于 2 只动物！”

生活中有不同类型的数据，Python 中也有很多种类型的数据，不同类型的数据使用场景通常不同，要把它们放到一起使用常离不开类型的转换。在 Python 中，使用变量前不需要声明变量的类型，但在一些特定场景中，仍然需要用到类型转换。

目前为止，我们已经学习了整数类型、浮点数类型、字符串类型和列表类型四种。想要知道一个对象的数据类型可以使用 type( ) 函数，语法如下：

```
type(object)
```

其中，object 表示要测试类型的对象。

例如：

```
>>>type(0)
<class 'int'>
>>>type(3.14)
<class 'float'>
>>>type('China')
<class 'str'>
>>>type([1,2])
<class 'list'>
>>>n=1
>>>type(n)==int
True
```

6.1 数字类型转换

数字类型是 Python 中常用的数据类型，整数类型和浮点数类型都属于数字类型，int( ) 函数和 float( ) 函数分别是它们的转换函数。

1. int( ) 函数

整数类型是 Python 中最基本的数据类型，int( ) 函数可以把数字或字符串转换为整型，语法如下：

```
int(x, base=10)
```

其中，x 表示待转换的字符串或数字；base 表示进制数，默认为十进制。例如：

```
>>>int()                    # 没有参数则返回 0
0
>>>int(5)
5
>>>int(3.14)
3
>>>int("11",8)              # 带参数 base 时，第 1 个参数必须为字符串形式
9                           # 八进制数 "11" 转换为十进制整数值为 9
```

【例 6-1】 小帅有一张书桌（如图 6-1 所示），桌面是长方形的，请帮小帅算一算他的桌面有多大?

图 6-1　小帅的书桌

程序代码如下：

```
a=int(input("请输入桌面的长："))
b=int(input("请输入桌面的宽："))
print("桌面大小为：",a*b)
```

运行结果如下：

```
请输入桌面的长：5
请输入桌面的宽：3
桌面大小为： 15
```

“input( ) 函数将用户输入的内容当作一个字符串类型，两个字符串类型不能进行相乘的操作。若要输入的是整数，则可以用 int( ) 函数把它转换成整型数据。”

【问题 6-1】 运行下方代码段，接收用户输入数据：5，输出结果是什么？

```
n=input("请输入数据：")
out=n*2
print(out)
```

2. float( ) 函数

float( ) 函数可以把整数和字符串转换成浮点数，语法如下：

```
float(x)
```

其中，x 表示待转换的字符串或整数。

例如：

```
>>>float(12)
```

```
12.0
>>>float(-112)
-112.0
>>>float(123.6)
123.6
>>>float('123')                    # 字符串
123.0
```

【例 6-2】 小萌要买一个书包和一个文具盒（如图 6-2 所示），请编写程序，根据输入的书包和文具盒的金额帮小萌算出一共需要多少钱。

图 6-2 小萌的书包和文具盒

程序代码如下：

```
a=float(input("请输入书包的金额："))
b=float(input("请输入文具盒的金额："))
print("小萌购买书包和文具盒一共需要：{:.2f}元".format(a+b))
```

运行结果如下：

```
请输入书包的金额：34.5
请输入文具盒的金额：11.3
小萌购买书包和文具盒一共需要：45.80 元
```

【问题 6-2】 运行 float('1.2g')，输出结果是什么？

3. eval( ) 函数

eval( ) 函数用来执行一个字符串表达式，并返回表达式的值。最常见的使

用方式是：

```
eval(expression)
```

其中，expression 为包含表达式的字符串。

例如：

```
>>>x = 5
>>>eval('3 * x')
15
>>>eval('pow(2,2)')                    # pow(2,2) 求 2 的 2 次方
4
>>>eval('2 + 2')
4
>>>n=8
>>>eval("n + 4")
12
```

要获取通过 input( ) 函数输入的数字类型数据，也可以通过 eval( ) 函数来实现。

【例 6-3】 从键盘输入一个数，求这个数的 2 倍。

程序代码如下：

```
a=eval(input("请输入一个数："))
print("{}的 2 倍为：{}".format(a,2*a))
```

运行结果如下：

```
请输入一个数：6
6 的 2 倍为：12
请输入一个数：3.4
3.4 的 2 倍为：6.8
```

【问题 6-3】 用 eval( ) 函数改写例 6-1 和例 6-2。

6.2 字符类型转换

1. str( ) 函数

str( ) 函数可以将任意对象转换为字符串形式，语法如下：

```
str(object='')
```

其中，object 为任意对象。

例如：

```
>>>str(3)
'3'
>>>str([1,2,3])
'[1, 2, 3]'
>>>n=3.14
>>>str(n)
'3.14'
>>>type(n)
<class 'float'>                              # 变量 n 的类型仍为 float
>>>type(str(n))
<class 'str'>
```

“注意：类型转换函数能在本次运算中改变数据的类型，但不能改变数据原有的类型。”

字符串和数字类型变量不能直接相连，需要提前将数值类型变量转换为字符串才可以。

【例 6-4】 输出小帅和小萌的身高信息。

程序代码如下：

```
s_height=154.5
m_height=145.5
print(" 小帅的身高为："+str(s_height)+"cm")
print(" 小萌的身高为："+str(m_height)+"cm")
```

运行结果如下：

```
小帅的身高为：154.5cm
小萌的身高为：145.5cm
```

2. join( ) 方法

“小帅，你的连词成句作业做完没有？”

“做完啦！我正试着用程序把它运行出来呢！”

join( ) 方法用于将序列中的元素以指定的字符连接生成一个新的字符串，实际应用中常通过该方法将列表转换为字符串。语法如下：

```
string.join(seq)
```

其中 string 是分隔符，seq 表示要连接的元素序列。

【例 6-5】 请将如图 6-3 所示的词组连成一个句子。

英勇的	大门	守卫着	日夜	祖国的	解放军战士

图 6-3　连词成句题目

程序代码如下：

```
ls=[" 英勇的 "," 解放军战士 "," 日夜 "," 守卫着 "," 祖国的 "," 大门 "]
s="".join(ls)
```

```
print(s+"。")
```

运行结果如下：

```
英勇的解放军战士日夜守卫着祖国的大门。
```

6.3 列表类型的转换

1. list( ) 函数

list( ) 函数可以将元组或字符串转换为列表，语法如下：

```
list(seq)
```

其中 seq 表示要转换为列表的序列。

例如：

```
>>>list("我爱我的祖国")
['我', '爱', '我', '的', '祖', '国']
>>>list()                                # 创建一个空列表
[ ]
>>>list((123,"abc","少先队员"))
#(123,"abc","少先队员")为元组类型
[123, 'abc', '少先队员']
```

【问题 6-4】 list("15.44") 的结果是什么?

2. split( ) 方法

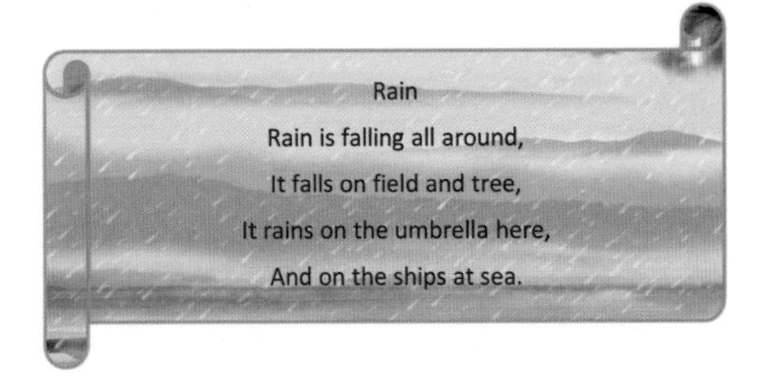

"小帅，你看，这首英文小诗写得真好，还很简洁！"

"是啊！我们来看看它一共用了几个单词吧。"

split( ) 方法返回一个列表，可以用于提取英文文本中的单词，语法如下：

```
string.split(sep=None, maxsplit=-1)
```

其中 seq 是分隔 string 的标识符，默认为空格，maxsplit 为最大分割次数。

【例 6-6】 统计小帅和小萌所读诗歌的单词个数。

程序代码如下：

```
s = "Rain is falling all around,\
   It falls on field and tree,\
   It rains on the umbrella here,\
   And on the ships at sea."
ls = s.split()
print(" 诗中共有 " + str(len(ls)) + " 个单词 ")
```

运行结果如下：

```
诗中共有 23 个单词
```

“Python中有多种数据类型，本单元我们学习了如何使用函数完成各种数据类型的转换。在解决问题时要使用正确的数据类型，如果已有的数据类型不适合，应使用本单元的类型转化函数获得需要的数据类型。”

1. 执行语句 a=eval("8.0") 后，a 的数据类型是（　　）。
   A. 字符串型　　B. 浮点型　　C. 整型　　D. 布尔型

2. 关于 Python 内置函数相关操作，叙述不正确的是（　　）。
   A. 执行 `a = eval("[1,2,3]")` 后，a 是列表型数据
   B. 执行 `a = str([1,2,3])` 后，a 是字符串型数据
   C. 执行 `a = int(5.1)` 后，a 是整型数据
   D. 执行 `a = eval("5")` 后，a 是浮点型数据

3. 下列关于 Python 函数的叙述，不正确的是（　　）。
   A. `float("5. ")` 的值为 5.0
   B. `len("天\n地\n人")` 的值为 5
   C. `eval(" [1,2,3]")` 的结果是列表型数据 [1,2,3]
   D. `sum(range(5))` 的值是 15

4. 接收用户输入值 6，经过运算后，输出结果为 30 的代码是（　　）。
   A.

```
n = input("请输入一个整数：")
n = n*5
print(n)
```

   B.

```
n = input()
n = 5*int(n)
print(n)
```

C.

```
n = input(" 请输入一个整数：")
r = n*5
print(r)
```

D.

```
n = input(" 请输入一个整数：")
r = int(n)*5
print(n)
```

5. 将变量 a 赋值为浮点数 5.1 的语句是（　　）。

A. `a = eval("5.1")`　　B. `a = str(5.1)`

C. `a = int(5.1)`　　D. `a = "5.1"`

6. 下列关于 Python 函数的叙述，正确的是（　　）。

A. `float("3*2")` 的值为 6.0

B. `len("3+2")` 运行的结果是 3

C. `eval("3*2")` 的结果是 6.0

D. `list("12.3")` 的结果是 [12.3]

7. 接收用户输入值 20，将此数值除以 5，然后把商 4.0 输出的代码是（　　）。

A.

```
n = input(" 请输入一个数 n：")
r = n/5
print(r)
```

B.

```
n = input(" 请输入一个数 n：")
r = n/5
print(n)
```

C.

```
n = input(" 请输入一个数 n：")
n = eval(n)/5
print(n)
```

D.

```
n = input("请输入一个数n:")
r = eval(n)/5
print(n)
```

8. 将变量 a 赋值为字符串 "5.5" 的语句是（　　）。

A. `a = eval(5.5)`　　B. `a = str(55/10)`

C. `a = str(int(5.5))`　　D. `a = 5.5`

9. 下列关于 Python 函数的叙述，正确的是（　　）。

A. `float("3+2")` 的值为 5.0

B. `list("12.3")` 运行的结果是 `["1","2",".","3"]`

C. `eval("3+2.0")` 的结果是 5

D. `int("5.1")` 的结果是 5

10. 编写程序，实现功能如下。

（1）使用 3 次 eval(input( )) 按顺序接收用户输入的 3 个数值数据。

（2）按接收顺序，先执行前两个数据的相加操作，将和再乘以第 3 个数，使用 print 函数输出最后的积。

例如：用户按序输入的 3 个数据分别为 3、5、7，则输出的结果为 56。

编程完成后，按如下要求输入数据，并填写运行结果，结果直接写数字，不要使用引号、空格等内容修饰：

① 设 3 次按序输入的是 10、12、5，则输出的结果为________。

② 设 3 次分别输入的是 987654321、1234567890123456、987654321，则输出结果为________。

③ 若接收输入时，第一个和第二个数据直接使用 input( ) 接收，第三个数据使用 eval(input( )) 接收，对接收到的这三个数据仍然执行上述相同的运算，则用户按序输入 2、3、4 后，输出的结果是________。

11. 假设有一张足够大的纸，单页纸厚度为 0.1 毫米，不断对它进行对折。请编写程序，计算对折了若干次后，折叠的纸高度是多少毫米。

（1）使用 eval(input( )) 输入一个整数，作为对折的次数。

（2）使用 print 语句输出对折完毕后，叠放的纸的高度（小数点后保留一

位小数）。

例如：当输入 1 时，输出的结果为 0.2。原理：单页纸 0.1 毫米，对折后，叠在一起两层纸的总高度为 0.2 毫米（提示：可以通过 `print("{:.1f}".format(x))` 的形式控制输出的小数位数为 1 位）。

编程完成后，按如下要求输入数据，并填写运行结果，结果直接写数字，不要使用引号、空格等内容修饰：

① 若对折两次，高度为________毫米。

② 若对折 20 次，高度为________毫米。

③ 若对折 30 次，高度为________毫米，珠穆朗玛峰的海拔高度为 8844.4 米（2005 年测绘数据），对折 30 次后，厚度比珠穆朗玛峰高出________米！（保留 1 位小数，1 米 =1000 毫米）

12. 若某一无人宇宙飞船正以 52.7 公里 / 秒的速度飞离太阳系。编写程序，计算该飞船在不同时间跨度下的飞行距离。

（1）使用 2 次 eval(input( ))，按顺序接收用户输入的 2 个数值，分别代表年和天。

（2）使用 print 语句输出飞船飞行的距离，要求输出整数，单位为公里（提示：每年设为 365 天）。

例如：用户输入的 2 个数据分别为 0、1，即计算飞船飞行 0 年 1 天的距离，输出的结果为 4553280。

编程完成后，按如下要求输入数据，并填写运行结果，结果直接写数字，不要使用引号、空格等修饰：

① 飞船飞行 1 年的距离为________公里。

② 飞船飞行 3 年零 20 天距离为________公里。

③ 飞船飞行 1700 年的距离为________公里。

第 7 单元
会画图的小海龟

“那是海龟哦，爬得好可爱！”

“我见过海龟，它爬得很慢，爬过的地方会在沙滩上留下一条痕迹，如图 7-1 所示。”

“看这只小海龟，它要爬向大海。它的身后有长长的痕迹。小萌，小帅，如果海龟像蜜蜂一样会跳舞，你们能想象那个场景吗？”

图 7-1　小海龟爬行痕迹

“哇哦，那沙滩上会留下很多奇妙的图形，小海龟就像在画画。”

7.1　小海龟登场

“我想要一个绘画工具箱，里面有各种画画的工具，笔啊，颜料啊，还有尺子等等，那我就可以画我想要的画了。”

图 7-2　宝箱小海龟

Python 中有很多“宝箱”，放了各种工具，这些“宝箱”就是标准库。通过标准库提供的工具，可以实现画图、做窗口等功能，如图 7-2 所示。

turtle 是这些“宝箱”中的一个。它是 Python 重要标准库之一，里面有很多绘画工具（函数）。利用这些工具（函数），可以绘制漂亮的图形。小海龟就

像一只画笔，在画布上爬行（绘制图形），爬行痕迹形成了图形。

在画图之前，需要先召唤小海龟，把装画图工具的箱子（turtle 库）带上，这样就引入了标准库,可以使用工具了。有 4 种召唤小海龟的方式(引入方式)，每种方式下对库中函数的使用方法都不一样。

1. import turtle

这是最简单的引入方法，把整个 turtle 库全部引入，里面的所有函数都可以使用，使用方式：turtle. 函数名 ( )，如 turtle.fd(50)。

【例 7-1】 第一种引入 turtle 库的方式。

```
import turtle
turtle.shape("turtle")          # shape 函数设置画笔为小海龟的形状
turtle.fd(50)                   # 小海龟前进 50 像素
```

运行结果如图 7-3 所示。在此，大家可以把 1 像素看成小海龟移动一步走的距离，50 像素，可理解为走了 50 步。

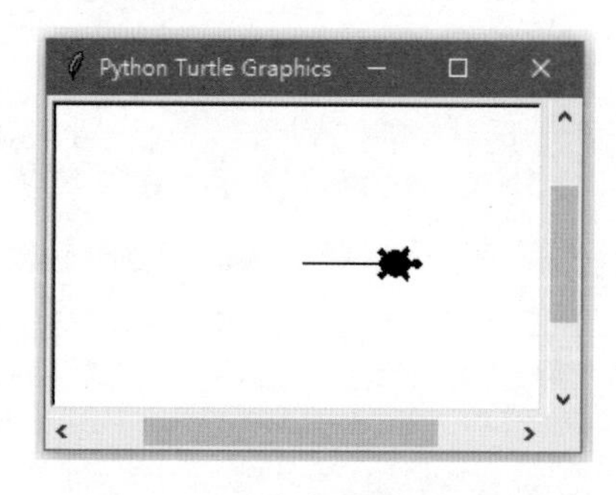

图 7-3　例 7-1 的运行结果

2. import turtle as t

这种方式给 turtle 库取一个别名（昵称，可以自己取哦），可以使用里面的所有函数，使用方式：t. 函数名 ( )，如 t.fd(50)。

【例 7-2】 第二种引入标准库的方式。

```
import turtle as t
t.shape("turtle")
```

```
t.fd(-50)                         # 小海龟向反方向前进 50 像素
```

运行结果如图 7-4 所示。

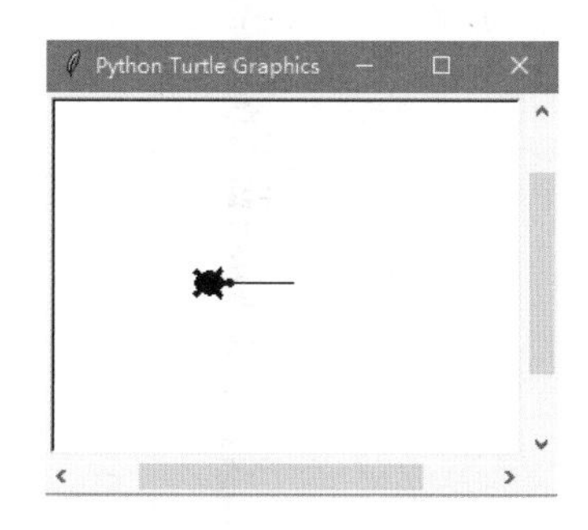

图 7-4　例 7-2 的运行结果

3. from turtle import 需要用到的函数

这种方式仅引入需要用到的函数，不用全部引入。使用时，直接使用函数名，不需要带上标准库的名字，如 fd(50)。

【例 7-3】 第三种引入标准库的方式。

```
from turtle import fd,shape
shape("turtle")
fd(50)
```

运行结果与例 7-1 相同。

4. from turtle import *

这种方式引入了库中的所有函数，使用时可以不带标准库名字，直接使用函数，如 fd(50)。

【例 7-4】 第四种引入标准库的方式。

```
from turtle import *
shape("turtle")
fd(-50)
```

运行结果与例 7-2 相同。

【问题 7-1】 4 种召唤小海龟的方式，你都学会了吗？你喜欢用哪一种？说说为什么。

【问题 7-2】 下面引入 turtle 库的方法，**不正确**的是（　　）。

A. `import turtle as t`

B. `import turtle from *`

C. `from turtle import fd,shape`

D. `Import turtle`

小海龟开始画画前，需要知道它的画布在哪里，从哪里开始画，往哪个方向画。

画布在哪里

小海龟画图的地方叫画布，也称为绘图窗口。引入 turtle 库后，运行程序就打开了绘图窗口。绘图窗口在屏幕上的位置可以通过 setup( ) 函数来设置。

设置方式为 turtle.setup(width,height,startx,starty)。

如，turtle.setup(800,400,200,100)，结果如图 7-5 所示。

width：绘图窗口的宽度。

height：绘图窗口的高度。

startx：绘图窗口的左边缘与屏幕左边缘的距离。

starty：绘图窗口的上边缘与屏幕上边缘的距离。

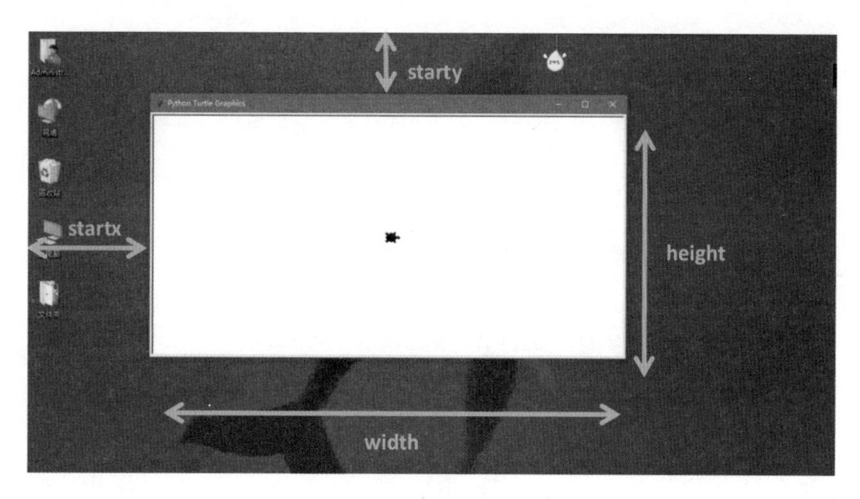

图 7-5　setup 函数的 4 个参数

2. 小海龟在画布上的位置

描述小海龟的位置需要坐标来帮忙。平面可以看成由很多个小正方形格子组成，如图 7-6 所示，每个小正方形的边长都是 1，平面上的任意位置都可以表示成横向的格子数和竖向的格子数。横向称为横轴（也叫 *x* 轴），竖向称为纵轴（也叫 *y* 轴），把 *x* 轴和 *y* 轴上的值组合起来就是平面上点的位置坐标，记为（*x*,*y*）。

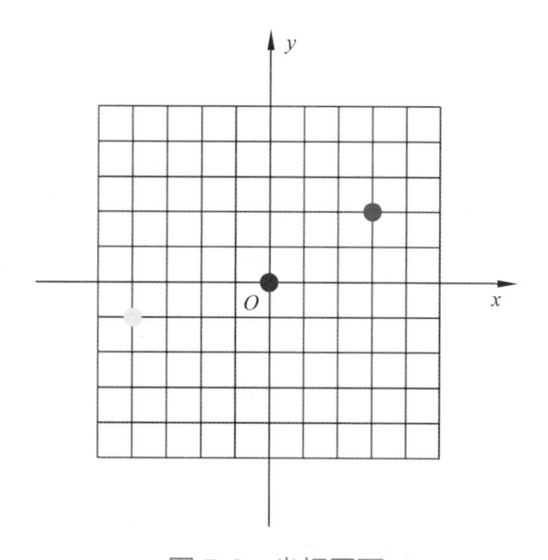

图 7-6　坐标平面

x 轴和 *y* 轴交叉的点叫原点（图中蓝点的位置），坐标为（0,0）。在图中，沿箭头方向，坐标值为正值，如图中红点的位置，在 *x* 轴的正向，*y* 轴的正向，

坐标为（3,2）；与箭头方向相反，坐标值是负值，表示的时候要在值的前面加上负号（–），如图中黄色点的位置，在 *x* 轴的反方向，*y* 轴也是反方向，那么坐标就为（–4,–1）。

小海龟在画布上的位置可以用如图 7-7 所示的坐标来表示。刚开始绘图时，打开画布，小海龟在画布的中央，这个点的坐标是（0,0）。小海龟的头面对的方向是前进的方向。

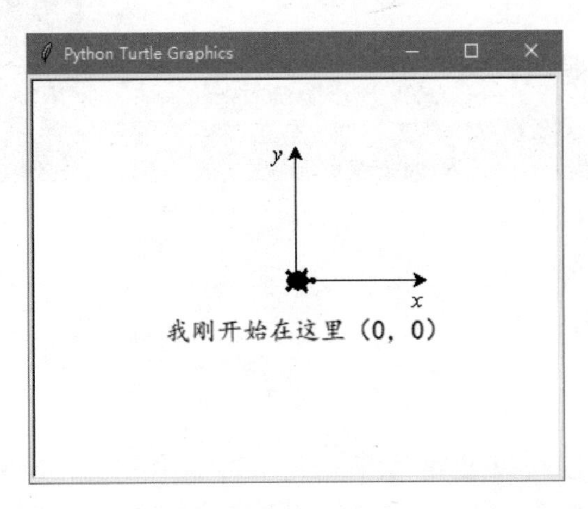

图 7-7　绘图坐标

从小海龟的起始位置开始爬行，*x* 和 *y* 坐标就随着它的爬行增加或者减少。

把每个它停留的点标识出来，再把这些点连起来就可以看到小海龟画出的图形了。

【问题 7-3】 你能把下面几个坐标点在图上正确标识出来吗?

1.（–3，4）　　2.（3，–5）　　3.（–2，–4）

3. 小海龟的方向控制

小海龟爬行时，向左转、向右转可以由 left( )、right( ) 和 seth( ) 来设置，如图 7-8 所示。根据转动的方向和角度的大小，小海龟就可以向各个方向爬行了。转动方向可以是顺时针，也可以是逆时针。

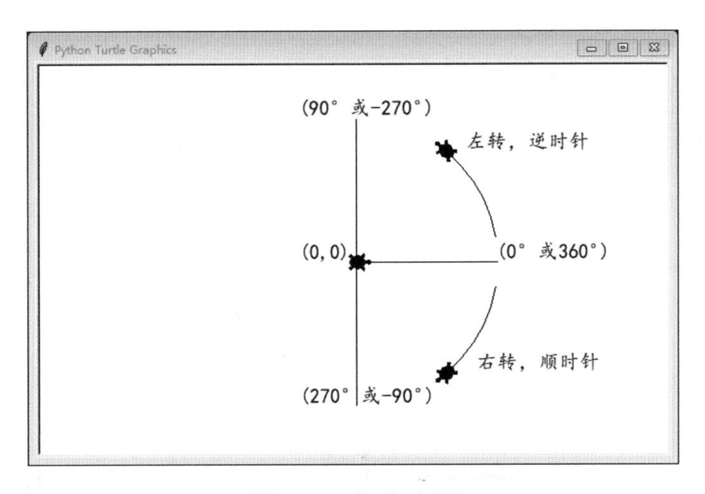

图 7-8　角度坐标

顺时针转动，角度从 0° ~360° 变化，逆时针转动，角度从 0° ~-360° 变化。

【例 7-5】 前进、转弯。

```
import turtle
turtle.shape("turtle")
turtle.fd(100)
turtle.left(60)                    # 沿前进方向左转 60°
turtle.fd(100)
```

运行结果如图 7-9 所示。

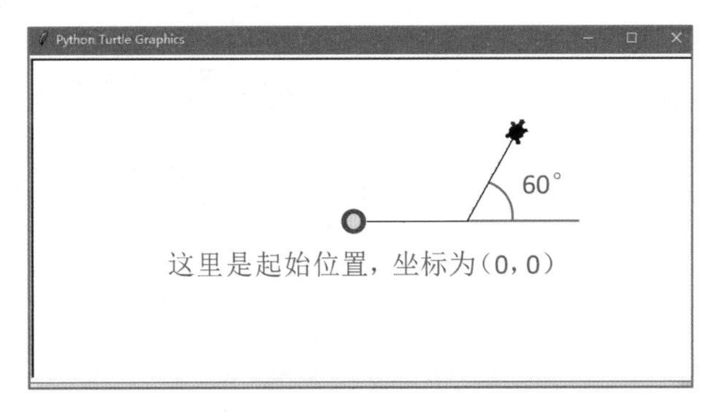

图 7-9　例 7-5 的运行结果

小海龟爬行的方向是它的头面向的方向，开始的时候，面向屏幕的右边，向前的方向就是右边。转向的角度是沿爬行方向向左转或向右转。

【问题 7-4】 seth( ) 函数的作用是设置小海龟转向的绝对角度。分析如图 7-10 所示的小海龟爬行轨迹分别是转动了多少角度得到的。

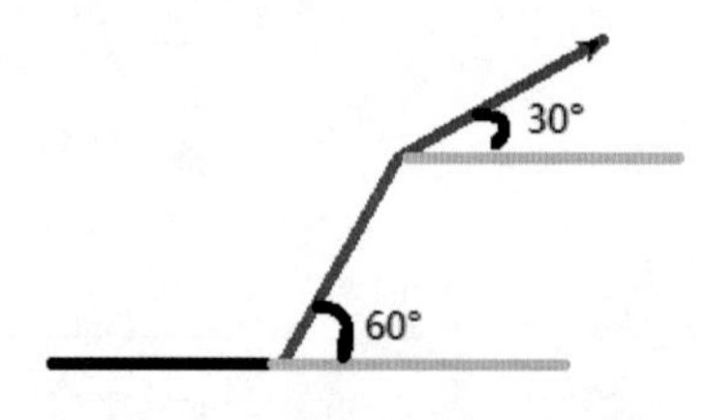

图 7-10　小海龟的转动角度

【问题 7-5】 下面代码可以让小海龟从当前方向向右转 60° 的是（　　）。

A. `right(60)`　　　　B. `left(60)`

C. `seth(60)`　　　　D. `right(-60)`

小海龟的痕迹

【例 7-6】 小海龟飞起来。

```
import turtle as t
t.goto(10,30)
t.penup()                    # 抬起画笔，这样海龟爬行时不会留下痕迹
t.fd(100)
```

```
t.pendown()                    # 放下画笔，后面会留下爬行痕迹
t.fd(50)
```

运行结果如图 7-11 所示。

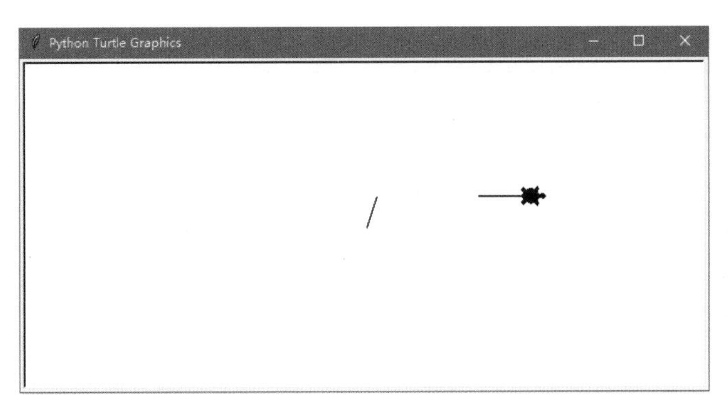

图 7-11　例 7-6 的运行结果

这段代码让小海龟从起始位置开始，爬行到坐标为（10，30）的点，抬起画笔向前爬行一段距离后再放下画笔，继续向前。由于有一段没有在画布上，所以看到的结果有一段空的距离。

2. 海龟调色盘

【例 7-7】 画笔颜色。

```
from turtle import shape, pencolor, fd, pensize
shape('turtle')
pencolor('red')                               # 设置画笔颜色为红色
fd(100)
pencolor('blue')
pensize(10)                                   # 设置画笔宽度为 10 像素
fd(100)
```

这段代码让小海龟从起始位置向前爬行 100 像素，爬行轨迹是红色的，调整画笔颜色和画笔宽度后再向前爬行 100 像素，爬行轨迹是蓝色的，同时爬行轨迹变宽为 10 像素。

运行结果如图 7-12 所示。

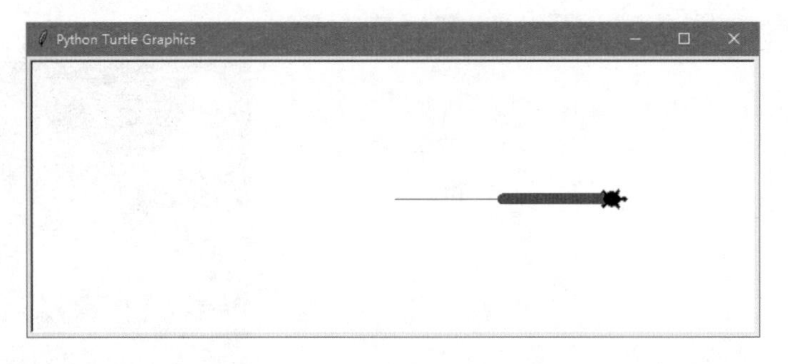

图 7-12　例 7-7 的运行结果

这段代码设置了画笔的粗细和画笔的颜色，请大家对照程序自己分析。

【例 7-8】 彩色多边形。

```
from turtle import *
shape('turtle')
j=0
col=['red','blue','green','purple','yellow','grey']
for i in range(0,6):              # 用循环从列表中顺序取 6 次颜色
    pencolor(col[i])              # 每次取列表中的一个颜色作为六边形的边
    fd(80)
    j=j+2                         # 每画一条边画笔宽度都增加 2 个像素
    pensize(j)                    # 设置画笔的宽度
    left(60)
```

运行结果如图 7-13 所示。

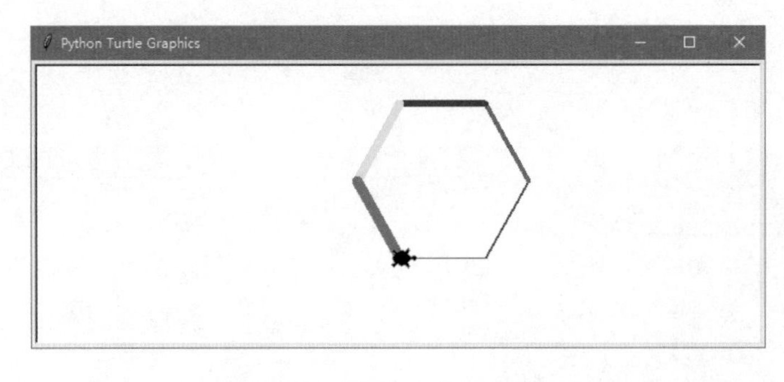

图 7-13　例 7-8 的运行结果

这段代码用了循环结构（for），到列表中取颜色，小海龟按照列表给出的颜色的顺序，画出了一个正六边形，每画一边换一种颜色，爬行痕迹也变宽一点，这样，小海龟画出了一个彩色的六边形。

【问题 7-6】 在例 7-8 中，如果把最后一个语句改为 right(60)，那么画出的图形是什么样子的？（　　）

A. 变成了正方形

B. 变成了正三角形

C. 还是正六边形，沿红色边向下翻转 180°

D. 变成了圆

3. 对圆的探索

【例 7-9】 画圆点。

```
import turtle as t
for i in range(4):                  # 这里画第一个正方形
    t.dot(10,'blue')                 # 画一个半径为 10 像素的蓝色圆点
    t.fd(100)
    t.left(90)
t.left(180)
t.penup()
t.fd(50)
t.pendown()
for i in range(4):                   # 这里画第二个正方形
    t.dot()                          # 这里的 dot() 没有给参数
    t.fd(100)
    t.right(90)
```

运行结果如图 7-14 所示。

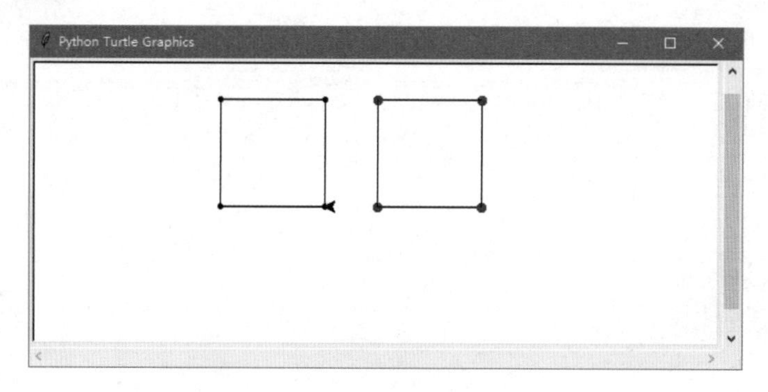

图 7-14　例 7-9 的运行结果

【问题 7-7】 这两个正方形大小相同，大家知道小海龟先画哪个正方形吗?

下面是和圆有关的图形。

【例 7-10】 让小海龟画个圆。

```
import turtle as t
t.penup()
t.backward(200)                    # 小海龟向后退 200 像素
t.pendown()
t.circle(50)                       # 画一个半径为 50 像素的圆
t.penup()
t.fd(200)
t.pendown()                # 下面画一段半径为 50 像素，圆心角为 120° 的弧
t.circle(50,extent=120)            # 半径为 50 像素，圆心角 120° 的圆弧
t.penup()
t.goto(200,0)
t.pendown()
t.right(60)
t.circle(50,steps=8)               # 半径为 50 像素圆的内接正八边形
```

运行结果如图 7-15 所示。

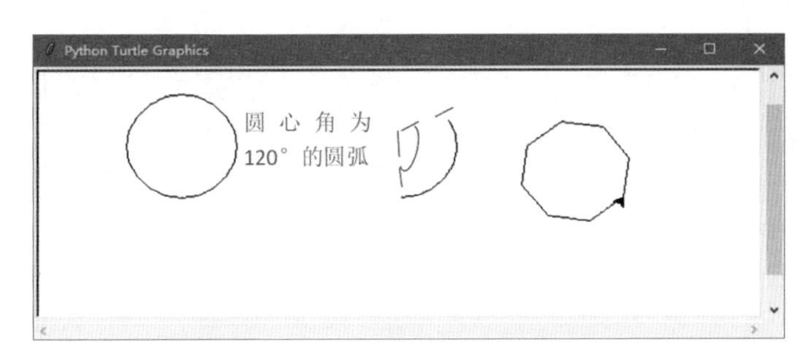

图 7-15　例 7-10 的运行结果

注：圆内接正八边形指八条边一样长，8个顶点都在圆周上的八边形。

【问题 7-8】 请同学们动手实验一下，如果要画一个正多边形可以有多少种画法？分别是什么？

4. 海龟的演出

【例 7-11】 小海龟的演出。

```
import turtle as t
t.setup(600,400,200,200)          # 设置绘图窗口
t.bgcolor('grey')                 # 设置绘图窗口的背景色
t.pencolor((1,1,0))               # 设置画笔颜色，用 RGB 色彩体系的小数
t.pensize(5)
```

```
t.colormode(cmode=255)                # 设置填充色，用 RGB 色彩体系的整数
t.fillcolor((255,0,0))
t.begin_fill()                        # 需要填充颜色的图形开始绘制
t.circle(80)
t.end_fill()                          # 需要填充颜色的图形绘制完毕
t.penup()
t.goto(-200,-50)
t.pendown()
t.pencolor('violet')
# 在屏幕上写需要的文字
t.write('小萌小帅，你们来画一个？',font=('楷体',30,'bold'))
```

运行结果如图 7-16 所示。

图 7-16　例 7-11 的运行结果

说明：

颜色的三种设置方式如下。

第一种方式，直接用颜色的名称字符串，如 yellow、blue 等。在 bgcolor( ) 和 pencolor( ) 两个函数中，使用的就是这种方式，设置了绘图窗口的背景颜色和画笔颜色。

第二种方式，用颜色的 RGB 色彩的小数表示，小数范围在 0~1。如 pencolor( ) 函数用到了（1，1，0)，设置了画圆的画笔颜色。

第三种方式，用颜色的 RGB 色彩的整数表示，整数范围在 0~255。不过用这种方式表示颜色时，需要调用 colormode( ) 函数，把颜色模式设置为 255。比如代码中 fillcolor( ) 函数就用到了这种方式。

使用 fillcolor( ) 函数填充图形颜色。使用时，在需要填充的图形绘制之前用 begin_fill( ) 函数，表示开始绘制，绘制完之后用 end_fill( ) 函数，表示需要填充

部分结束。二者之间绘制的图形就填充颜色。

使用 write( ) 函数在绘图窗口里写字，也称为“文字印章”。参数部分，font 参数以元组的形式出现，包括字体、字号、字形(正常(normal)、加粗(bold)、倾斜 (italic)),还可以有参数 align,表示对齐方式 (左对齐 (left)、居中 (center) 或右对齐 (right))。

程序中画圆并填充颜色的部分可以用另一个函数 color( ) 来替换。color( ) 函数的作用是设置所画图形的填充色和线条颜色。使用形式为 color(col1,col2), 其中参数 col1 表示线条颜色，col2 表示图形中填充的颜色。

【例 7-12】 填充色和线条色。

```
from turtle import *
color("red","yellow")              # 设置线条颜色为红色，填充色为黄色
pensize(5)
begin_fill()
circle(100,steps=4)
end_fill()
```

运行结果如图 7-17 所示。

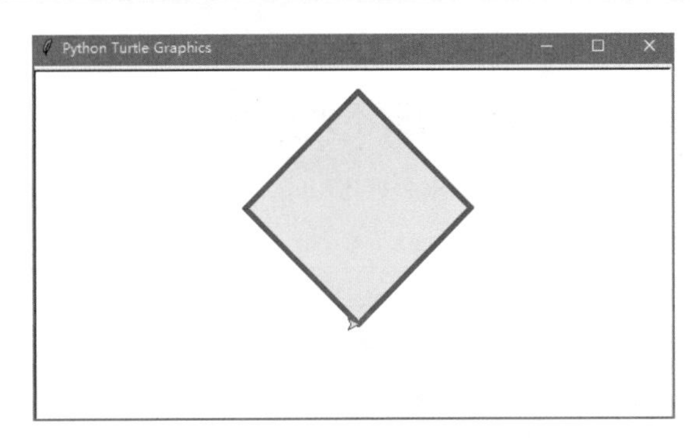

图 7-17　例 7-12 的运行结果

【问题 7-9】 使用 import trutle，引入 turtle 库后，语句 turtle.circle(50, steps=3) 绘制的图形是 (　　)。

A. 圆　　　　B. 半圆

C. 三个同心圆　　　　D. 圆内接正三角形

“在本单元中，我们第一次接触了 Python 的标准库之一——turtle，学习了标准库的使用方式。使用 turtle 可以绘制不同的图形并给图形涂色。利用标准库的函数，可以方便、简单地实现很多功能，让程序更‘厉害’。

在后续课程中，我们还将学习程序的控制结构和更多的标准库以及第三方库，大家将会解锁更多的功能。”

习题 7

1. 使用 from turtle import * 调用库，下列叙述不正确的是（　　）。

   A. circle(100,steps=4) 可以绘制一个正方形

   B. setup( ) 创建的绘图窗口，默认窗口左上角是坐标（0，0）点

   C. ycor( ) 可以获取当前绘图光标坐在位置的纵坐标（*y* 轴）坐标值

   D. goto(100，100) 可以直接让绘图光标移动至绘图区坐标（100，100）的位置

2. 运行下方各代码段，所绘图形不为三角形的是（　　）。

   A.

```
from turtle import *
goto(0,0)
clear()
goto(100,0)
goto(100,100)
goto(0,0)
```

   B.

```
from turtle import *
circle(100,steps=3)
```

   C.

```
from turtle import *
for i in range(3):
    fd(50)
    left(120)
```

D.

```
from turtle import *
for i in range(3):
    fd(50)
    fd(60)
```

3. 使用 from trutle import * 调用 turtle 库后，语句 seth(90) 的作用是(　　)。

A. 以原绘图指示方向为起始，绘图方向向左旋转 90°

B. 以原绘图指示方向为起始，绘图方向向右旋转 90°

C. 绘图方向直接指向画布正上方

D. 绘图箭头高度置为 90 像素

4. 运行下方代码段，程序画出的图形是（　　）。

```
from turtle import *
for i in range(5):
    left(120)
    fd(100)
hideturtle()
```

A. 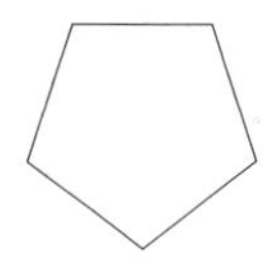

B. 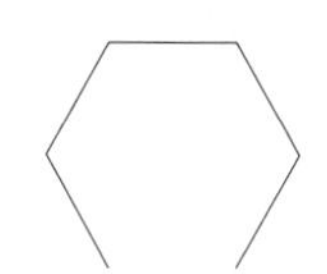

C. 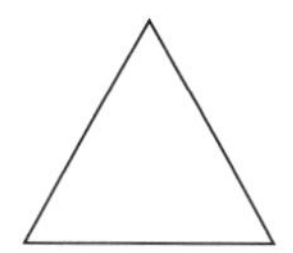

D. 

5. 使用 from trutle import *，引入 turtle 库后，若需要绘制如下图所示的红色线条、黄色填充的图形，应用的颜色设置语句是（　　）。

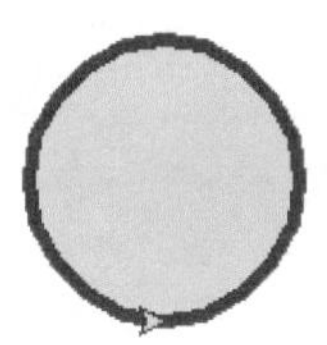

A. `setcolor("red","yellow")`

B. `setcolor("yellow","red")`

C. `color("yellow","red")`

D. `color("red","yellow")`

6. 使用 from trutle import * 调用 turtle 库后，能够控制画笔向当前方向的反方向画线的语句是（　　）。

A.
```
forword(10)
```

B.
```
backword(10)
```

C.
```
left(90)
forword(10)
```

D.
```
seth(180)
forword(10)
```

第 8 单元
向左转向右转
——分支结构

有一个富翁出海时遇险，被一个渔夫救起。富翁决定给渔夫一大笔钱作为报答。他提出两个方案：一是现在就将目前资产的百分之五送给渔夫；另一个是待十年后，将自己那时资产的百分之二十相赠。

"小萌，你猜渔夫会怎么选？"

"猜不到，怎么选的？"

"他被这两个选择弄得焦头烂额、神思恍惚，在次日出海时被海浪吞噬。最终丧失了所有的选择权。"

云选择山，水选择海。人往高处走，鸟向亮处飞。世上万物都有选择的问题，Python 的编程世界也一样。选择得当，好风凭借力，送我上青云；选择失当，如逆风行船，阻力重重难达目地，甚至还有被风打翻船的危险，就像故事里的渔夫。所以选择很重要，在 Python 的程序世界要如何做好选择就是本单元要研究的问题。

8.1　单分支结构

"如果感到幸福你就拍拍手，如果感到幸福你就拍拍手……"

"小萌，你唱的歌真好听，我们让计算机也来唱歌吧！"

要描述小萌唱的歌需要使用单分支的选择结构，当条件满足时就执行某些操作。Python 中单分支的语法格式如下：

```
if  <条件> :
    <语句块>
```

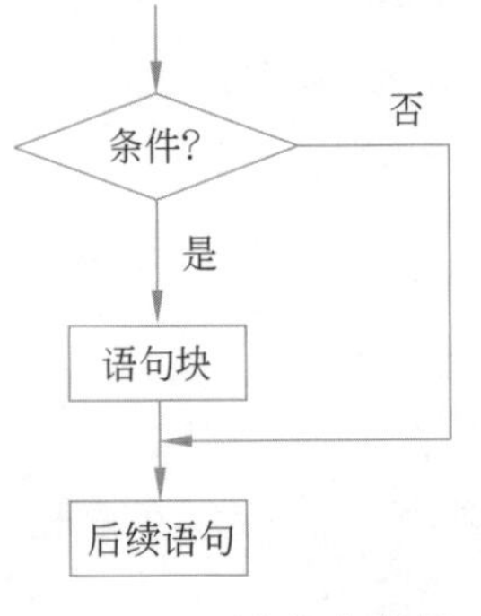

图 8-1　if 单分支结构

其中，基本的条件语句由一个关键字 if 开头，后面跟一个表示条件的表达式，然后是一个冒号（:）。从下一行开始，所有缩进了的语句就是当条件成立（表达式计算的结果为 True）的时候要执行的语句。如果条件不成立，就跳过这些语句不执行，而继续下面的其他语句。其控制过程如图 8-1 所示。

if 语句中语句块执行与否依赖于条件判断。if 语句中条件部分可以使用任何能够产生 True 或 False 的表达式或函数。形成判断条件最常见的方式是采用关系运算符和逻辑运算符。Python 中共有 6 个关系运算符和 3 个逻辑运算符，如表 8-1 和表 8-2 所示。

表 8-1　Python 中的关系运算符

操　作　符	操作符含义	操　作　符	操作符含义
<	小于	>	大于
<=	小于或等于	==	等于
>=	大于或等于	!=	不等于

表 8-2　Python 中的逻辑运算符

and 运算			or 运算			not 运算	
逻辑值 1	逻辑值 2	结果	逻辑值 1	逻辑值 2	结果	逻辑值	结果
False	False	False	False	False	False	True	False
False	True	False	False	True	True		
True	False	False	True	False	True	False	True
True	True	True	True	True	True		

关系运算符除用在数字的比较中，也可用在字符或字符串的比较中。字符串的比较，本质上是字符串对应编码的比较。因此，字符串的比较按照字母顺序进行，另外，英文大写字符对应的编码比小写字符的小。例如：

```
>>>1<3<5                                   # 等价于 1<3 and 3<5
True
>>>3<5>2
True
>>>1>6<8
False
>>>'Hello'>'world'                        #'H' 小于 'w' 的编码
False
>>>'Hello'>3                              # 字符串和数字不能比较
TypeError: unorderable types: str()>int()
```

【例 8-1】《幸福拍手歌》的表示如图 8-2 所示。

图 8-2 《幸福拍手歌》

问题分析：

通过输入语句接收是否感到幸福的值，再根据是否感到幸福的值决定是否需要输出相应提示信息；由于儿歌有 5 段，可以设定一个变量来存放当前段数，根据段数值和是否感到幸福的值来确定具体输出的提示信息。

程序代码如下：

```
n = input(" 你感到幸福吗？（Y/N）")
i = 1
if (i==1) and (n=='Y'):
    print(" 请拍拍手 ")
n = input(" 你感到幸福吗？（Y/N）")
```

```
i = i+1
if (i==2) and (n=='Y'):
    print("请跺跺脚")
n = input("你感到幸福吗?（Y/N）")
i = i+1
if (i==3) and (n=='Y'):
    print("请伸伸腰")
n = input("你感到幸福吗?（Y/N）")
i = i+1
if (i==4) and (n=='Y'):
    print("请挤挤眼儿")
n = input("你感到幸福吗?（Y/N）")
i = i+1
if (i==5) and (n=='Y'):
    print("请拍拍肩")
```

运行结果如下：

```
你感到幸福吗?（Y/N）Y
请拍拍手
你感到幸福吗?（Y/N）Y
请跺跺脚
你感到幸福吗?（Y/N）Y
请伸伸腰
你感到幸福吗?（Y/N）Y
请挤挤眼儿
你感到幸福吗?（Y/N）Y
请拍拍肩
```

【问题 8-1】 编写程序代码实现从键盘输入两个数求这两个数的差（要求被减数大于减数）。

8.2 双分支结构

“小帅，一位 80 岁的老爷爷只过了 20 次生日，你知道为什么吗？”

“我知道，因为老爷爷的生日是闰年的 2 月 29 日。”

双分支结构用于描述只能二选一的条件，比如说，判断一个年份是否是闰年并输出“是”或“不是”的信息，就需要用双分支结构。Python 中双分支结构可以使用 if-else 语句，语法格式如下：

```
if  <条件> :
    <语句块 1>
else:
    <语句块 2>
```

其中，语句块 1 是在 if 条件满足后执行的一个或多个语句序列，语句块 2 是 if 条件不满足后执行的语句序列。其控制过程如图 8-3 所示，先判断 if 后的条件，若成立则执行语句块 1，否则执行语句块 2。

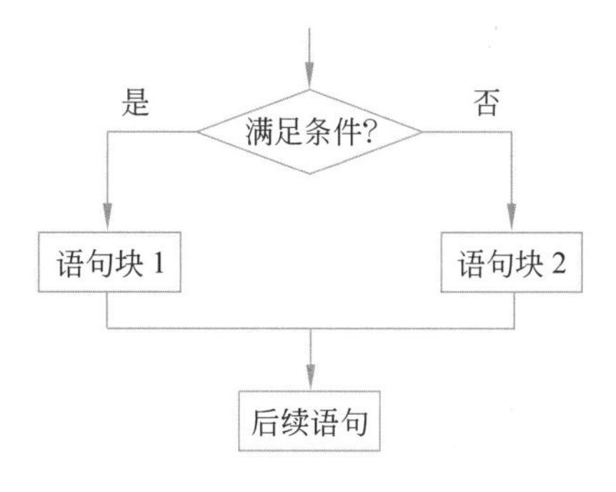

图 8-3　if 双分支结构

【例 8-2】 编写一个程序，实现判断闰年的功能。

问题分析：给定一个年份，如果它能够被 4 整除，但不能被 100 整除；或者能被 400 整除，那么它就是一个闰年。

设给定的年份为 year，那么 year 能被 4 整除，但不能被 100 整除可以表示为 (year%4==0)and(year%100!=0)；year 能被 400 整除可以表示为 year%400==0。

程序代码如下：

```
year = int(input("请输入一个年份："))
if (year%4==0) and (year%100!=0) or (year%400==0):
    print("{}年是闰年".format(year))
else :
    print("{}年不是闰年".format(year))
```

运行结果如下：

```
请输入一个年份：2000
2000年是闰年
请输入一个年份：2001
2001年不是闰年
```

双分支结构还有一种更简洁的表达式形式，适合通过判断返回特定值，表达式格式如下：

```
<表达式1>  if  <条件>  else  <表达式2>
```

其中，表达式 1、表达式 2 一般是数字类型或字符类型的一个值。执行流程为：首先判断 if 后的条件是否成立，若成立则取表达式 1 的值，不成立则取表达式 2 的值。

【例 8-3】 编程实现：输入两个整数，求其中的大数。

程序代码如下：

```
a, b = eval(input("请输入两个数，以逗号(,)分隔："))
print("大数为：{}".format(a if a>b else b))
```

运行结果如下：

```
请输入两个数，以逗号(,)分隔：3,6
大数为：6
```

【例 8-4】 编程实现如图 8-4 所示的简单自动售货机程序。

问题描述：

自动售货机，是一种能根据投入的钱币自动找补付货的机器。它可以在选好商品投入货币后，判断你支付的钱币是否够买该商品：若不够则给出钱不够的信息并退款；若够则计算出找补金额，找补并输出货品。此处假定自动售货机售卖的产品为矿泉水、可乐、橙汁和牛奶，售价分别为 3 元、4 元、5 元、6 元。

图 8-4　自动售货机

问题分析：

（1）使用一个列表来存放售卖的产品：ls=[" 矿泉水 "," 可乐 "," 橙汁 "," 牛奶 "]，每种产品的价格可以通过其在列表中的索引计算获得。

（2）从键盘输入想购买的产品。

（3）从键盘输入投入货币金额。

（4）计算出产品的价格。

（5）使用分支结构判断投入货币是否足够，足够则计算找补金额输出相关信息；不够则给出金额不足购买失败的提示信息。

程序代码如下：

```
ls=[" 矿泉水 "," 可乐 "," 橙汁 "," 牛奶 "]
choice=input(" 请输入要购买的商品名称：")
money=int(input(" 请输入投入的钱数："))
price=ls.index(choice)+3
if money<price :
   print("{} 需要 {} 元，投币金额不足，购买失败，请取走钱币。".\
         format(choice,price))
else :
    print(" 请取走 {}，找补 {} 元。".format(choice,money-price))
```

运行结果如下：

```
请输入要购买的商品名称：可乐
请输入投入的钱数：6
请取走可乐，找补 2 元。
请输入要购买的商品名称：牛奶
请输入投入的钱数：4
牛奶需要 6 元，投币金额不足，购买失败，请取走钱币。
```

以下程序是小萌编写的从键盘输入一个数，判断是奇数还是偶数的代码。

```
n=int(input(" 请输入一个整数 :"))
if n%2=0:
    print("{} 是偶数 ".format(n))
else :
    print("{} 是奇数 ".format(n))
```

运行结果如图 8-5 所示。

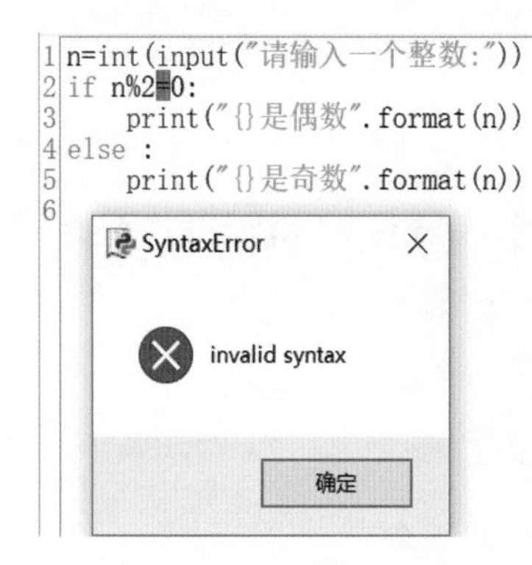

“怎么错啦？！这‘=’不是等号吗？”

图 8-5　运行出错

“小萌，你这次考试成绩是什么等级啊？”

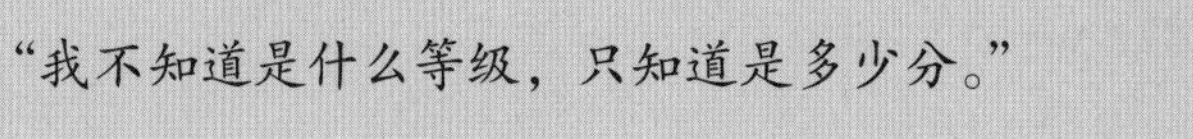

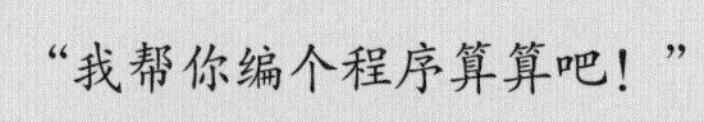

单分支结构处理“如果……那么……”的问题，双分支结构处理“如果……就……否则……”的问题。但在实际问题中，还常常需要针对某一事件的多种情况进行处理，这时使用单分支或双分支结构都不能很好地处理这类问题，就需要用到多分支结构。小帅想要写的根据分数判别成绩等级的程序就需要这种结构。Python 中多分支结构使用 if-elif-else 语句描述，语法格式如下：

```
if  <条件 1> :
    <语句块 1>
elif  <条件 2> :
    <语句块 2>
 ⋮
else:
    <语句块 N>
```

多分支结构是双分支结构的扩展，Python 依次评估寻找第一个结果为真 (True) 的条件，执行该条件下的语句块，结束后跳出整个 if-elif-else 结构，执行后续语句。如果所有条件都不成立，则执行 else 下面的语句块。else 子句是可选的。多分支结构的控制流程如图 8-6 所示。

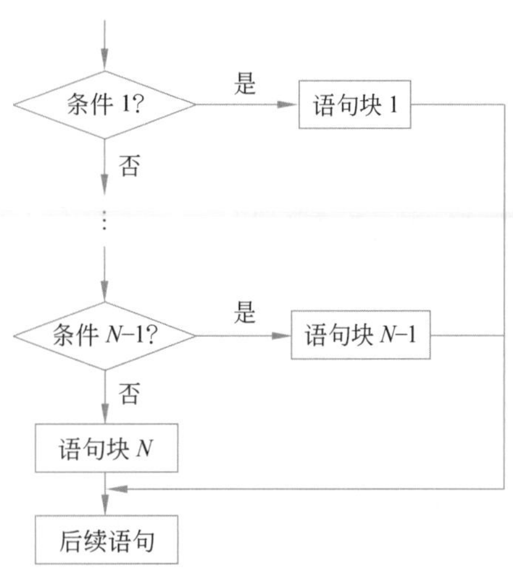

图 8-6　if 多分支结构

【例 8-5】 编程实现：根据 Python 语言课程成绩，评定出成绩的相应等级，90 及以上为“A”，80 ~ 89 为“B”，70 ~ 79 为“C”，60 ~ 69 为“D”，59 及以下为“E”。

问题分析：

（1）从键盘输入成绩 score。

（2）构造多分支结构根据 score 的范围确定 grade 的值。

（3）输出成绩等级 grade 的值。

程序代码如下：

```
score = eval(input("请输入成绩："))
if score >= 90:
    grade = 'A'
elif score >= 80:
```

```
    grade = 'B'
elif score >= 70:
    grade = 'C'
elif score >= 60:
    grade = 'D'
else :
    grade = 'E'
print(" 成绩等级为：" + grade)
```

运行结果如下：

```
请输入成绩：90
成绩等级为：A
请输入成绩：87
成绩等级为：B
请输入成绩：70
成绩等级为：C
请输入成绩：66
成绩等级为：D
请输入成绩：54
成绩等级为：E
```

【问题 8-2】 在例 8-4 中，“B”级的分数范围为 80 ~ 89，为什么在判定“B”等级的条件中只写了“>=80”而不是“80<=score<90”但运行结果也是正确的？

【例 8-6】 编程实现如图 8-7 所示的一个四则运算的计算器。

图 8-7 计算器

问题分析：

（1）从键盘输入运算符。

（2）从键盘输入两个要计算的数据 a、b。

（3）根据输入的运算符决定要进行的计算并输出结果。

程序代码如下：

```
op = input(" 请输入运算符：")
a, b = eval(input(" 请输入两个运算对象的值，以逗号（，）分隔：")) 
if op == '+' :
   print("{}{}{}={}".format(a, op, b, a+b))
elif op == '-' :
   print("{}{}{}={}".format(a, op, b, a-b))
elif op == '*' :
   print("{}{}{}={}".format(a, op, b, a*b))
elif op == '/' :
   print("{}{}{}={}".format(a, op, b, a/b))
```

运行结果如下：

```
请输入运算符：*
请输入两个运算对象的值，以逗号（，）分隔：3,5
3*5=15
请输入运算符：+
请输入两个运算对象的值，以逗号（，）分隔：4,9
4+9=13
请输入运算符：-
请输入两个运算对象的值，以逗号（，）分隔：7,5
7-5=2
请输入运算符：/
请输入两个运算对象的值，以逗号（，）分隔：5,3
5/3=1.6666666666666667
```

上述代码通过一个 if-elif 语句完成了一般的四种运算计算，但在某些特殊情况时，程序运行会出现错误。例如，除法运算时，若输入的除数为“0”，则程序运行会出现错误，如图 8-8 所示。

```
请输入运算符：/
请输入两个运算对象的值，以逗号（，）分隔：5，0
Traceback (most recent call last):
  File "C:\Users\asus\Documents\paat\新\paat6-6\PAAT一二级用书配套资源-hx\8\例8-6.py", line 2, in <module>
    a,b=eval(input("请输入两个运算对象的值，以逗号（，）分隔："))
  File "<string>", line 1
    5，0
     ^
SyntaxError: invalid character in identifier
```

图 8-8　除数为零出错

要解决这种情况只用一个 if-elif 语句是不够的，需要在一层 if-elif 语句中再加入一个 if-else 语句，这就是一种分支结构的嵌套。

8.4 分支的嵌套

当一个分支结构中又包含另一个分支结构时，称该分支结构为嵌套的分支结构。前面介绍过 3 种形式的分支结构，这 3 种形式的选择语句之间可以进行相互嵌套。例如 8.3 节提到的 if-elif 语句中嵌套 if-else 语句，形式如下：

```
if  <条件1> :
    <语句1>
elif  <条件2> :
    <语句2>
…
elif <条件N> :
    if <条件11> :
        <语句11>
    else:
        <语句12>
```

在 if 语句中嵌套 if-else 语句，形式如下：

```
if  <条件1> :
  if  <条件11>
      <语句11>
  else:
     <语句12>
```

在 if-else 语句中嵌套 if 语句，形式如下：

```
if  <条件1> :
    if  <条件11>
```

```
        <语句 11>
else:
    <语句 2>
```

当 if 语句嵌套使用时，必须注意 if 与 else 的配对问题。显然，程序中 if 与 else 的配对不同，其执行结果也会不同。在 Python 中，通过缩进来表示程序的层次关系，也通过缩进来明确 if 与 else 的配对关系。

【问题 8-3】 当从键盘输入 0 时，下面两段代码的执行结果分别是多少?

程序段 1：

```
y = 0
x = int(input("请输入一个数："))
if x != 0:
    if x > 0:
        y = 1
    else:
        y = -1
print(y)
```

程序段 2：

```
y = 0
x = int(input("请输入一个数："))
if x != 0:
    if x > 0:
        y = 1
else:
    y = -1
print(y)
```

“小萌，一起去动物园吧？”

“好啊！那我们要准备多少钱买门票呢？”

【例 8-7】 编写程序，计算出图 8-9 动物园的门票价格。

图 8-9 动物园

问题描述：

动物园的门票根据旺季、淡季和年龄而价格不同。

4—10 月为旺季，门票价格：

成人（18~59）：180 元

儿童（<18）：半价

老人 (>=60)：1/3

淡季门票价格：

成人：100 元

儿童（<18）：半价

老人 (>=60)：免费

问题分析：

（1）从键盘输入月份（month）和年龄（age）。

（2）使用嵌套分支结构先判断是旺季还是淡季，再根据年龄判断出门票价格（ticket）。

（3）输出门票价格（ticket）。

程序代码如下：

```
month = int(input("请输入月份："))
age = int(input("请输入游客年龄："))
```

```
if 4 <= month <= 10:
    ticket = 180
    if age < 18:
        ticket = 180/2
    elif age >= 60:
        ticket = 180/3
else:
    ticket = 100
    if age < 18:
        ticket = 100/2
    elif age >= 60:
        ticket = 0
print("该游客的门票价格为：{}元".format(ticket))
```

运行结果如下：

```
请输入月份：5
请输入游客年龄：10
该游客的门票价格为：90.0元
请输入月份：1
请输入游客年龄：11
该游客的门票价格为：50.0元
请输入月份：6
请输入游客年龄：24
该游客的门票价格为：180元
请输入月份：2
请输入游客年龄：45
该游客的门票价格为：100元
请输入月份：7
请输入游客年龄：65
该游客的门票价格为：60.0元
请输入月份：3
请输入游客年龄：61
该游客的门票价格为：0元
```

【问题 8-4】 修改程序代码让例 8-6 实现的四则运算计算器程序更完备，要求除数为 0 时给出错误提示信息，保证减法运算结果为正数。

提示：

（1）在减法分支中再嵌入一个 if 语句，如果输入时被减数 a 小于减数 b，则交换 a、b 两数。

（2）在除法分支中再嵌入一个 if-else 语句，如果除数 b 不为 0，则输出计算的值，否则输出“除数不能为 0”的提示信息。

“本单元中，我们学习了程序设计基本结构中的分支结构，分支结构主要通过条件的判断来决定程序的不同走向，判断条件的构造常常采用关系运算符和逻辑运算符。大家快来想一想使用分支结构能帮我们解决一些什么样的实际问题吧。”

1. 运行下方代码段，输入 0，输出的结果是（　　）。

```
n = eval(input("请输入一个数值："))
if n >= 0:
    print(-1)
elif n == 0:
    print(0)
else:
    print(1)
```

A. 0
　 –1　　B. 0　　C. –1
　 0　　D. –1

2. 设变量 a 和 b 均为数值型数据，不能输出 a 和 b 中较大数据（若 a 和 b 相等则输出 a 和 b 均可）的是（　　）。

A.

```
if a > b:
   print(a)
else:
   print(b)
```

B.

```
if a >= b:
   print(a)
else:
   print(b)
```

C.

```
if a < b:
   print(b)
elif a > b:
   print(a)
```

D.

```
if a < b:
   a = b
print(a)
```

3. 在 Python 中，可以正确执行的代码段是（　　）。

A.

```
n = 5
if n >= 3:
   print('n>=3')
```

B.

```
n = 5
if n >= 3:
print('n>=3')
```

C.

```
n = 5:
print('n>=3')
```

D.

```
n = 5
if n > 3
    print('n>=3')
```

4. 运行下方代码段，输出的结果是（　　）。

```
grade = 2
if grade <= 1:
    print("Grade:F")
elif grade == 2:
    print("Grade:D")
elif grade > 1:
    print("Grade:ABCD")
```

A. Grade:F　　B. Grade:D　　C. Grade:ABCD　D. Grade:D
Grade:ABCD

5. 运行下方代码段，输出的结果是（　　）。

```
n = 10
if n%2 == 1:
    print(n*2)
else:
    print(n*3)
if n%3 == 1:
    print(n*3)
```

A. 20
30

B. 30

C. 30
30

D. 20

6. 运行下方代码段，输出的结果是（　　）。

```
cel = 90
if cel < 50:
    print("过小!")
elif cel >= 90:
    print("过大!")
elif cel >= 50:
    print("正合适!")
```

A. 过小!　　B. 正合适!　　C. 过大!　　D. 过大!
正合适!

7. 运行下方代码段，输出的结果是（　　）。

```
n = 11
if n%2 == 1:
    p = True
    print("奇数")
else:
    p = False
    print("偶数")
if p:
    print(n*2+1)
    print(n*(2+1))
```

A. 奇数
23　　B. 奇数
23
33　　C. 偶数
33　　D. 奇数
33

8. 编写程序实现如下功能：

（1）接收用户输入的一个数值；

（2）当数值小于0或大于100时，输出“输入错误”；

（3）当数值大于或等于0，同时小于60时，输出“不及格”；

（4）当数值大于或等于60，同时小于85，输出“及格”；

（5）当数值大于或等于85，同时小于或等于100，输出“优秀”。

例：若输入86，程序运行后输出结果为：优秀

9. 在疫情期间，为了保障同学们的安全，进入校园要进行体温测试，发热者将禁止进入校园。学校使用某一款测温枪测得入校者体温，提示是否可以进入校园。编程实现如下功能：

（1）通过输入函数 eval(input( )), 输入测温枪测量出来的体温值；

（2）如果超过 37.0℃，则输出“发热，禁止进入校园”；

（3）如果在 35.0℃ ~37.0℃，则输出“体温正常，允许通行”；

（4）如果低于 35.0℃，则输出“请检查设备是否正常，重新测试”。

注：input( ) 函数中不要增加任何参数等提示信息。

样例 1：

输入

```
37.0
```

输出

```
体温正常，允许通行
```

样例 2：

输入

```
38
```

输出

```
发热，禁止进入校园
```

10. 编写程序实现如下功能：

（1）接收用户输入的数据；

（2）当用户输入的是“一”、“二”、“三”、“四”和“五”中的任意一个汉字时，输出“工作日”；

（3）当用户输入的是“六”、“七”和“日”中的任意一个汉字时，输出“休息日”；

（4）当用户输入其他内容时，输出“输入错误”。

注：input( ) 函数中不要增加任何参数等提示信息。

例：若输入“四”，程序运行后输出结果为：工作日

第 9 单元
周而复始的力量
——循环结构

小萌放学回家，肚子很饿，发现 3 个小笼包，如图 9-1 所示。使用两条命令，描述小萌吃到全部小笼包的过程：用筷子和吃小笼包。可以这样编写程序：

用筷子 吃小笼包

用筷子 吃小笼包

用筷子 吃小笼包

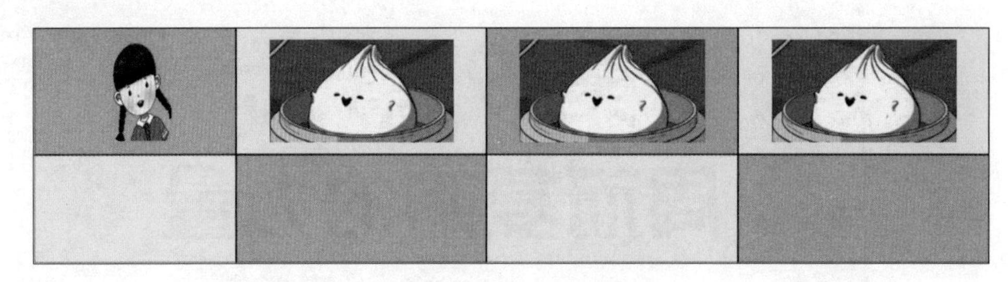

图 9-1　循环示意图

本例只有 3 个小笼包，可以这样帮助小萌，但是如果有 10 个小笼包，100 个呢？都要一条一条地书写上述的命令吗……

很多事情都是周而复始出现的，如每周按课程表上课，每天上课和放学的时间，每年的春夏秋冬，这就是循环。循环语句是一个非常重要的程序语句，它可以代替人们完成很多重复的工作，让学习生活更加方便。

快来学习循环优化代码，使它更加简便吧！

9.1 for 循环

什么是 for 循环？ for 是一个用于表达循环的 Python 保留字。就像老师上课通过名单对全班同学点名一样，通过 for 循环，可以访问一串文字中的每一个文字、可以访问数列中的每一个数字……这样的循环叫作遍历循环。只要遇到重复的事情就可以使用 for，使用一个 for 就够了吗？现在来看看 for 的使用方法：

```
for 循环控制变量 in 遍历结构:
    <语句块>
```

【例 9-1】 使用 for 吃 3 个小笼包。

```
for i in range(3):
    print("用筷子")
    print("吃小笼包")
```

【问题 9-1】 计数变量 i 从几到几?

range( ) 函数

人们在完成重复的事情时，通常习惯去数 1、2、3……在循环中，也习惯在一个特定的范围内用数字进行计数，Python 提供了一个创建范围的内置函数——range( ) 函数。

```
>>>list(range(3))
[0, 1, 2]
```

1、2、3、4、5、6……

图 9-2　跳绳数数

范围包含起始位置（这里为 0)，但不包含结束位置（这里为 3）。在很多情况下，默认的起始位置都为 0，比如尺子、年龄等。range( ) 函数内只有一个参数时，将把这个数认为是结束的数，而起始位置为 0。

```
>>>list(range(1, 3))
[1, 2]
```

如果 range( ) 函数内有两个数，将把第一个数认为开始，第二个数是结束。

其实，range 还有三个参数的时候，即 range(起始值，终止值，步长),在这里步长可以是负数。比如 range(1，10，2) 生成的是 [1，3，5，7，9]。range(10，0，–3) 生成的是 [10，7，4，1]。

【例 9-2】 火箭发射倒计时的实现。

在火箭发射前，指挥员会发出倒计时的指令，“10、9、8、7、6、5、4、3、2、1。点火！”这就是倒数数字的循环，可以代码实现如下：

```
for i in range(10,0,-1):
```

```
    print(i)
print("点火!")
```

【问题 9-2】 通过例 9-2，你能总结出 range( ) 函数的 3 种使用方法吗？

【问题 9-3】 用筷子吃第 1 个小笼包，用筷子吃第 2 个小笼包，用筷子吃第 3 个小笼包，即出现 1,2,3 这 3 个数字，正确的是（　　）。

A. range(1,3)　　B. range(1,4)

C. range(3)　　D. range(4)

【例 9-3】 重复绘制 5 个相同的圆。

```
from turtle import *
n=5
pencolor('orange')
for i in range(n):
    circle(100)
    right(360/n)
hideturtle()
```

运行结果如图 9-3 所示。

将 circle( )、right( ) 两个函数重复 5 遍，得到的图形有没有让你惊叹？看到重复的力量后，同学也来动手编程试试吧！

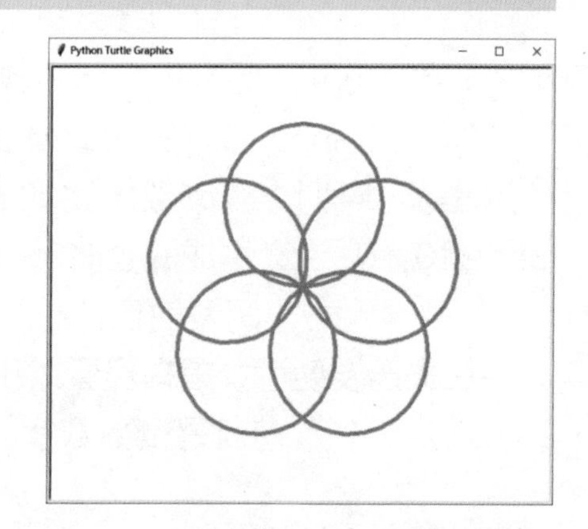

图 9-3　重复绘制 5 个相同的圆

【问题 9-4】 在例 9-3 中，right(360/n)

这条语句可以省略不写吗？它的作用是什么?

2. 遍历其他类型的结构

“老师，遍历结构是不是只能用 range 函数？”

“不是，遍历结构也可以是一个字符串、一个文件、一组字符串、一组数等组合数据类型。”

小帅想，好朋友要来家里玩，怎样写个程序招待同学们吃水果，有苹果、桔子、柠檬、猕猴桃、西瓜等。

【例 9-4】 输出如图 9-4 所示水果的水果信息。

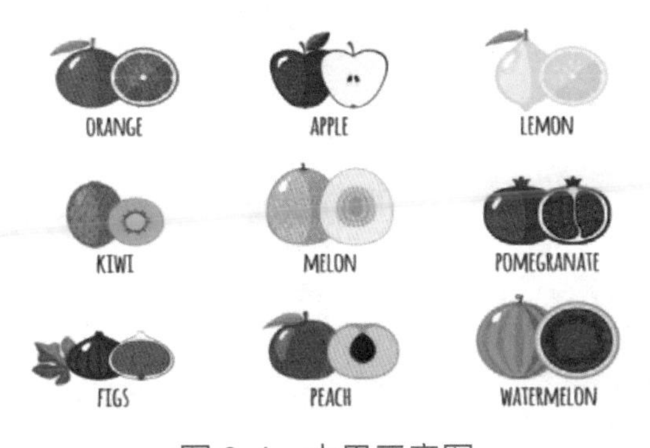

图 9-4　水果示意图

```
fruits = ["apple","orange", "lemon", "kiwi", "watermelon"]
print(" 同学，你好！ 我家有 :", end="")
for fruit in fruits:                # 循环遍历列表，输出水果名称
    print(fruit, end=" ")
print(" 共 {} 种水果 ".format(len(fruits)))
print("\n 你想吃什么？ ")
```

程序执行结果如图 9-5 所示。

```
同学，你好！我家有:apple orange lemon kiwi watermelon 共5种水果
你想吃什么？
```

图 9-5　循环输出水果信息

【问题 9-5】 小帅默念朋友们共需要苹果 8 个、橘子 9 个、柠檬 3 个、猕猴桃 4 个、西瓜 1 个，用程序怎么分行显示各种水果的数量（只显示数字）？

【例 9-5】 绘制奥运五环。

```
from turtle import *
pensize(15)
colors=['blue','black','red','orange','green']
speed(0)
penup()
goto(-120,0)
for color in colors:
    if color=='orange':
        goto(-60,-50)
    pendown()
    pencolor(color)
    circle(50)
    penup()
    fd(120)
hideturtle()
```

运行结果如图 9-6 所示。

图 9-6 奥运五环图的输出

【问题 9-6】 在例 9-5 中循环了多少次？为什么不用 range( ) 函数？试着修改成 range( ) 函数实现奥运五环。

【问题 9-7】 绘制如图 9-7 所示，彩色线条构成的五角星。程序横线上应该填（　　）。

```
from turtle import *
pensize(15)
colors=['blue','black','red','orange','green']
________
    pencolor(color)
    fd(120)
    right(144)
```

A. `for color in colors:`
B. `for i in range(5):`
C. `for i in color:`
D. `for i in colors:`

图 9-7　五角星输出

while 也是 Python 保留字，也能用于表达循环。它和 for 循环有什么不一样？小萌晚上睡觉做了个梦，有个仙女（见图 9-8）手拿魔法棒说："小萌，你最近表现特别好，作为奖励，我请你吃你最爱吃的食物，想吃多少吃多少。"

小萌开心极了，肚子没饱吃一个，没饱又吃一个，通过 while 循环，直到小萌饱了，这种循环叫作条件循环。接下来看看 while 循环的使用方法：

图 9-8　仙女

```
while 条件:
    语句块
```

while 后面的条件为真，就执行语句块，直到 while 后的条件为假。

【例 9-6】 用 while 实现不定次数的循环，由小萌自己决定什么时候吃饱了。

```
s = eval(input("输入 0 或者 1(0 代表没吃饱，1 代表吃饱了):"))
cnt = 0
while s == 0:
    print("eat a piece")
    s = eval(input("输入 0 或者 1(0 代表没吃饱，1 代表吃饱了):"))
    cnt +=1
print("小萌吃了{}次".format(cnt))
```

执行结果：

```
输入 0 或者 1(0 代表没吃饱，1 代表吃饱了):0
eat a piece
输入 0 或者 1(0 代表没吃饱，1 代表吃饱了):0
eat a piece
输入 0 或者 1(0 代表没吃饱，1 代表吃饱了):1
小萌吃了 2 次
```

注意：while 后面的“:”不能不写，不写会导致语法报错；= 与 == 的区别，= 是赋值运算符，在例题中代表将饥饿或者吃饱的状态赋值给小萌，== 是表示相等的关系运算符，在例题中代表判断小萌是不是处于饥饿状态。

【问题 9-8】 如果将例 9-6 中 cnt+=1 那行代码与 while 对齐，执行程序将会出现的变化是（　　）。

A. 程序语法出错　　　　B. 程序没有错误

C. 无限循环　　　　　　D. 程序语法正确

【问题 9-9】 如果 while 后面的值是 –1，那么这个 –1 的含义是（　　）。

A. 程序语法出错　　　　B. 条件为假，不循环

C. 不可以这样写　　　　D. 条件为永真（始终成立）

【问题 9-10】 什么是死循环？什么情况下会出现死循环？

【问题 9-11】 如图 9-9 所示，有一款游戏叫接水果，如果接到炸弹则游戏结束，接到一种水果得 1 分。在横线处应该填写的代码是（　　）。

```
score = 0
basket = input()
________
    score += 1
basket = input()
print(score)
```

图 9-9　接水果游戏

A. while basket != "bomb":

B. while basket == "bomb":

C. while basket = "bomb":

D. for i in "bomb":

9.3　改变循环的 break 和 continue

1. 改变循环的 break

“小萌，你在想什么呢？”

“嗯，我在想昨晚梦见的小仙女，我好想像她一样：挥动魔棒（见图 9-10），出现无数漂亮的小泡泡，随便什么时候停止……”

图 9-10　挥魔棒

让 Python 来帮助小萌吧！

【例 9-7】 魔棒效果。

```
from turtle import *
from random import *
bgcolor('black')
i = 0
stop = randint(50,200)
speed(0)
while True:
    penup()
    x,y = randint(-300,300),randint(-300,300)
    goto(x,y)
```

```
    pendown()
    r,g,b = random(),random(),random()
    color(r,g,b)
    begin_fill()
    circle(randint(5,20))
    end_fill()
    if i == stop:
       break
    i += 1
hideturtle()
done()
```

运行结果如图 9-11 所示。

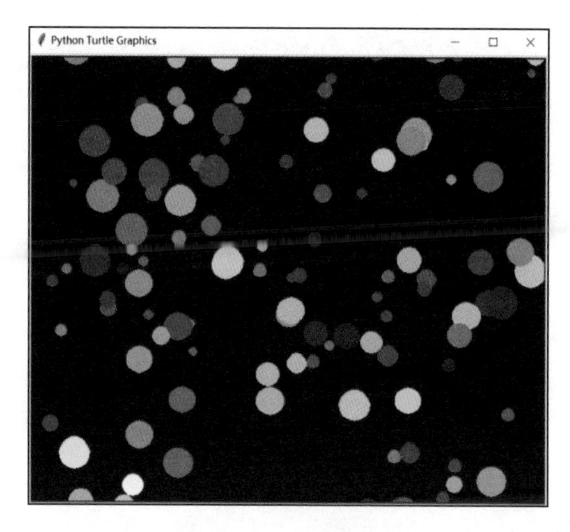

图 9-11　魔棒效果

什么时候停止生成泡泡？当到达 stop 的时候，从不断生成泡泡的过程中跳出循环。可以看出，break 可以跳出 for 或者 while 循环。接下来再来看一个例子。

【例 9-8】 找出小于 100 的最大平方值。

```
from math import sqrt
for i in range(99,0,-1):
    root = sqrt(i)
    if root == int(root):
```

```
        print(i)
        break
```

运行结果如下：

```
81
```

小于 100 最大的平方值，从 99~0 开始递减 1 的查找，看某个数 *i* 是不是一个平方值，如果一个数的平方根是个整数，即 sqrt(i) 与 int(sqrt(i)) 相同，就是一个平方值。

【问题 9-12】 执行以下程序，输出结果是（　　）。

```
for i in range(0,10,2):
    if i == 5:
        break
    print(i, end = ' ')
```

A. 2 4 6 9　　　　B. 0 2 4 6 9

C. 无限循环　　　　D. 0 2 4 6 9 10

【问题 9-13】 执行以下程序，输入“python123”，输出结果是（　　）。

```
st = input("请输入数字和字母构成的字符串：")
for s in st:
    if '0'< s < '9':
        break
    print(s, end = '')
```

A. python123　　　　B. py

C. python　　　　D. 123

注意：如果有多重循环，break只能跳出本层循环，不能一次跳出所有循环。

2. 改变循环的 continue

今天小帅学了一首歌，他唱着："一闪一闪亮晶晶，满天都是小星星……。"

"老师，能不能用Python显示4行5列的星星？"

"可以的，首先输出1个☆，然后思考下怎样实现有的☆后是换行符，有的☆后跟另一个☆。"

语句continue没有break用得多。它可以结束当次循环，并跳到下一次循环。这意味着跳过循环体中余下的语句，但不结束循环。将换行符作为余下的语句，有的时候跳过换行符，有的时候显示就好了。

【例9-9】 4行5列的星号。

```
for i in range(1, 21):
    print("*", end = "")
    if i%5 != 0:
        continue
    print()
```

【问题9-14】 执行以下程序，输出结果是（　　）。

```
for i in range(0,10,2):
    if i == 4:
        continue
    print(i, end = ' ')
```

A. 0 2　　　　　　　　　　B. 0 2 6 9

C. 0 2 6 9 10　　　　　　　D. 0 2 4 6 9 10

【问题 9-15】 执行以下程序，输入“123python”，输出结果是（　　）。

```
st = input("请输入数字和字母构成的字符串：")
for s in st:
    if '0'< s < '9':
        continue
    print(s,end='')
```

A. 123python　　B. py　　C. python　　D. 123

“老师，我想用五角星绘制天空布满星辰的夜晚，能够实现吗？”

“当然可以，一个☆我们可以用一重循环完成，很多很多的星星，就要在一颗☆外面再加一重循环。”

在一个循环中又包含另一个循环，叫嵌套循环。双重嵌套循环的使用方法如表 9-1 所示。

表 9-1　循环嵌套的使用方法

for 循环控制变量 in 遍历结构:
　　for 循环控制变量 in 遍历结构:
　　　　语句块
	for 循环控制变量 in 遍历结构:
	　　while 条件:
	　　　　语句块

续表

while 条件： 　　for 循环控制变量 in 遍历结构： 　　　　语句块	while 条件： 　　while 条件： 　　　　语句块

【例9-10】 通过循环嵌套，实现夜空布满美丽星辰的效果。

```
from turtle import *
from random import *
bgcolor('black')
speed(0)
for i in range(50):
    x,y = randint(-300,300),randint(-300,300)
    penup()
    goto(x,y)
    pendown()
    b = random()
    color(1,1,b)
    length = randint(1,60)
    angle = random()*360
    seth(angle)
    begin_fill()
    for i in range(5):
        fd(length)
        right(144)
    end_fill()
hideturtle()
```

运行结果如图9-12所示。

【问题9-16】 在例9-10中有两个遍历循环，它们分别有什么作用？ fd(length) 与 right(144) 这两条语句共执行了多少遍？试修改程序形成五彩

图9-12　夜空布满美丽星辰

五角星。

“小帅，今天的数学作业也不知道我做的对不对？”

“嗯，今天的作业是判断能否构成直角三角形……”

【例 9-11】 由图 9-13 之类的斜边判断能否构成直角三角形?

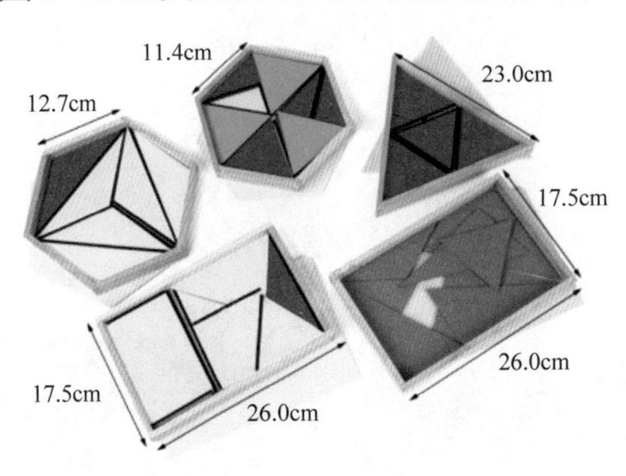

图 9-13　三角形

试着帮助小萌检查作业：输入任意一条斜边的长度值，判断能否构成三条边长为整数的直角三角形。

分析问题：假设斜边为 c，另外两条直角边分别为 a、b，a 和 b 的取值范围如何？如何表示？

让 Python 来帮助小帅小萌吧！完成下面的程序：

```
c = eval(input("输入直角三角形的斜边:"))
flag = 1
for a in range(1,c+1):
    for b in range(1,c+1):
        if a**2+b**2 == c**2:
            print("{},{},{}构成直角三角形".format(a, b, c))
            flag = 0
if flag :
    print("不存在三个整数构成且斜边为{}直角三角形".format(c))
```

【问题 9-17】 在例 9-11 中，第一个 for 与第二个 for 能不能对齐，如果对齐会怎么样?

【问题 9-18】 flag = 0 能否替换为 break?

【问题 9-19】 为什么最后需要 if flag 这条语句？

【问题 9-20】 数字的分与合问题。数学中常常背诵某数的分与合，以图 9-14 为例，找出所有和为 9 的两个正整数且第一个数升序的排列组合。程序横线上应该填写的代码是（　　）。

图 9-14　数字 9 的分与合

```
print("{:-^50}".format(" 输入某数找到该数的分与合 "))
n =       (1)
for i in     (2)     :
    for j in range(1,n):
        if i+j == n:
            print("{0} 可以分成 {1} 和 {2},{1} 和 {2} 可以合 \
                  成 {0}".format(n,i,j))
```

A.（1）eval(input(" 请输入一个整数 :"))　　（2）range(1, n+1)

B.（1）input(" 请输入一个整数 :")　　（2）range(1, n)

C.（1）eval(input(" 请输入一个整数 :"))　　（2）range(1, n)

D.（1）input(" 请输入一个整数 :")　　（2）range(1, n+1)

"在本单元中，我们掌握了循环的使用方法，能够在生活的实际问题中使用 for 循环、while 循环，还学会了改变循环的 break、continue 以及循环嵌套。

"在后续的课程中，我们还将进一步熟练掌握循环，利用循环完成更加丰富的功能，让我们共同期待吧！"

习 题 9

1. 在 Python 中，可以终止循环结构的关键字是（　　）。
   A. `continue`　　B. `break`　　C. `if`　　D. `else`

2. 有关循环结构的叙述中，正确的是（　　）。
   A. continue 可以结束本次循环，继续下一次循环
   B. break 可以结束本次循环，继续下一次循环
   C. return 可以结束本次循环
   D. else 可以结束本次循环

3. 有关控制语句的叙述中，正确的是（　　）。
   A. for 循环无法进入死循环状态
   B. while 循环需要程序员自行考虑书写循环条件
   C. 终止循环只能使用 break 语句
   D. while 循环从循环体中退出必须使用 if 条件

4. 关于控制语句的叙述中，不正确的是（　　）。
   A. for 和 while 关键字都可以用来启动循环
   B. 配合使用 break 和 if 关键字，可以跳出 for 循环
   C. for 和 while 循环必须有循环体
   D. for 循环无法进入死循环状态

5. 有关 Python 控制语句的叙述中，不正确的是（　　）。

A. 无限循环也常称为“死循环”
B. while 循环需要自行考虑书写循环条件
C. for 循环操作不当，也会进入“死循环”状态
D. break 用于 while 循环，不能在 for 循环中使用

6. 关于 Python 循环结构的叙述中，不正确的是（　　）。
A. for 循环一般用于可预期循环次数的情况
B. while 循环需要自行考虑循环结束条件
C. for 循环中的遍历结构可以是字符串、列表、range( ) 等对象
D. while 循环内部不能嵌套 for 循环

7. 关于 for 循环的叙述中，不正确的是（　　）。
A. for 循环无法进入死循环状态
B. for 循环需要联合 in 关键字使用
C. for 循环需要有一个可遍历对象，如字符串、列表等，才能实现循环
D. 正确的 for 循环结构最少有一条缩进的循环体语句

8. 在 Python 中，能够输出三行“你好”的代码段是（　　）。
A.
```
#for i in range(3):
    print("你好")
```
B.
```
for i in range(3):
    print("你好")
```
C.
```
for i in range(3):
    print("你好")
```
D.
```
print("你好"+3)
```

9. 运行下方代码段，输出的结果是（　　）。

```
str1=""
for i in ["Summer"]:
    str1 += i
print(str1)
```

A. [Summer]
B. "S""u""m""m""e""r"
C. "Summer"
D. Summer

10. 运行下方代码段，输出的结果是（　　）。

```
weather = ["sunny","rainy","snowy"]
for index in weather:
    print(index, end="*")
```

A. sunny*rainy*snowy*
B. sunny*rainy*snowy
C. "sunny*rainy*snowy*"
D. "sunny*rainy*snowy"

11. 运行下方代码段，输出的结果是（　　）。

```
summary = 0
s = [1,6,7,3,2]
for i in s:
    if i%2 == 1:
        continue
    else:
        summary += i
print(summary)
```

A. 19　　B. 10　　C. 8　　D. 11

12. 运行下方代码段，输出的结果是（　　）。

```
i = 0
while i <= 4:
    print(i)
    i = i+2
    if i == 4:
        print(6)
        break
```

A.	B.	C.	D.
0	0	2	2
2	2	6	4
6	4		6
	6		

13. 运行下方代码段，输出的结果是（　　）。

```
s = ""
for c in "a,bc,def,ghij":
    if c == ",":
        continue
    s = s + c
```

A. a　　B. abcdefghij
C. a,bc,def,ghij　　D. abc,def,ghij

14. 运行下方代码段，输出的结果是（　　）。

```
s = ""
for c in "abc,de,f":
    s = s + c
    if c == ",":
        break
print(s)
```

A. abc,　　B. abc　　C. abcdef　　D. de,f

15. 运行下方代码段，输出的结果是（　　）。

```
s = ""
for c in "abc,de,f":
    if c == ",":
        continue
        s = s + ","
    s = s + c
print(s)
```

A. abc,de,f　　B. abcdef　　C. abc,　　D. abc

16. 编写程序实现如下功能：

（1）程序使用 int(input( )) 接收一个正整数作为输入数据。

（2）求解从 1 到这个用户输入的正整数之间（包括这个正整数）所有能被 3 整除或 5 整除，但不能被 15 整除的数字之和，并将此求得的和直接输出。

例如：用户输入 16，1 到 16 之间所有能被 3 整除或 5 整除，不能被 15 整除的数字有 3、5、6、9、10、12，故输出的结果为 45。

编程完成后，按如下要求输入数据，并填写运行结果（结果直接写数字，不要使用引号、空格等内容修饰），输出结果直接复制粘贴到空内即可：

（1）如果输入的是 50，则输出的结果为_______。

（2）如果输入的是 123462，则输出的结果为_______。

17. 编写程序实现如下功能：

（1）程序使用 int(input( )) 接收一个正整数作为输入数据。

（2）求解从 1 到这个用户输入的正整数之间（包括这个正整数）所有个位数字为 0 或 5 的数字之和，并将求得的和直接输出。

例如：用户输入 16，1 到 16 之间所有个位数字为 0 或 5 的数字有 5、10、15，故输出的结果为 30。

编程完成后，按如下要求输入数据，并填写运行结果（结果直接写数字，不要使用引号、空格等内容修饰），输出结果直接复制粘贴到空内即可：

（1）如果输入的是 30，则输出的结果为_______。

（2）如果输入的是 12345，则输出的结果为_______。

18. 编写程序实现如下功能：

（1）程序使用两次 eval(input( ))，接收两个整数作为输入数据，要求第 1 个数小于第 2 个数，且都为正数。

（2）求解在两个数之间（不包括这两个数），所有既能被 3 整除，又能被 7 整除的数的个数。

例如：用户分别输入 10 和 50，满足条件的数有 21，42，输出的结果为 2。

编程完成后，按如下要求输入数据，并填写运行结果（结果直接写数字，不要使用引号、空格等内容修饰），输出结果直接复制粘贴到空内即可：

（1）如果输入的是 21 和 5000，则输出的结果为________。

（2）如果输入的是 94 和 8080880，则输出的结果为________。

19. 编写程序实现求解 *n* 钱买 *n* 果问题，要求如下：

1 个苹果 4 元，1 个橙子 3 元，4 个李子 1 元，给你 *n* 元（*n* 是由用户输入的正整数），买 *n* 个果子。编写程序求解，一共可以买多少个苹果、多少个橙子、多少个李子？（输出所有可能的结果）

（1）使用 int (input( )) 接收用户输入的一个整数型数据作为 *n* 值。

（2）买到的水果必须为苹果、橙子和李子这 3 种，不能缺少种类。

（3）水果必须整个购买。

说明：

（1）input( ) 函数中不要增加任何提示用参数。

（2）输出样式参阅“样例”，严格按水果顺序和样式输出。

（3）输出结果有多种可能时，输出所有可能的结果，每种结果占一行。

（4）多种可能的结果中，输出时排序依据为：先按苹果，苹果值相同时再按橙子，最后按李子，均为由小到大排序。

（5）输出结果水果数据间分隔符为英文 * 号。

（6）输出结果不要使用任何空格等字符修饰。

样例：

输入

```
126
```

输出

```
苹果1个*橙子33个*李子92个
苹果12个*橙子18个*李子96个
苹果23个*橙子3个*李子100个
```

20. 编写程序实现求解四叶草数问题，要求如下：

（1）使用两次 int(input( )) 接收用户依次输入的两个 4 位数字整型数据。

（2）求解第一个数字（含）到第二个数字（含）之间的所有的四叶草数。

（3）按由小到大顺序将找到的每个四叶草数输出，输出时每个四叶草数占一行。

说明：

（1）四叶草数是指一个四位数，它的每个位上的数字的 4 次方之和等于它本身，例如：1**4 + 6**4+ 3**4+ 4**4=1634，因此 1634 是四叶草数。

注：一个数字 a 的 4 次方，指的是 4 个 a 的积运算 Python 中可表达为 a* a* a*a 或 a**4。

（2）input( ) 函数中不要增加任何提示用参数。

（3）输出结果不要使用任何空格等字符修饰。

样例：

输入

```
8000
9500
```

输出

```
8208
9474
```

第 10 单元
纠错小能手
——异常处理

小帅今天很高兴，因为经过一段时间的努力，同学们推举他当纪律委员。老师告诉他：成为纪律委员后就要协助班长维护、监督本班的日常纪律。少先队员要守纪律，共青团员要守纪律，共产党员也要守纪律……那程序有没有纪律？

“老师，请问程序有没有纪律？”

“程序当然有自己的规则，如果你违反了规则，程序虽然不能说话，但是它会报错或者不能得到正确的结果。”

同学们在 Python 的世界一路过五关斩六将（图 10-1），学习了 Python 的语法及控制结构……小帅谨记老师说过的话，遵守着 Python 世界的规则，写出了很多代码。一次数学课上同学们学习了除法运算，而小帅希望用 Python 完成一个除法运算的程序帮助老师批改作业，以后还可以做个计算器……

在 Python 课上，小帅开始写自己的程序……

图 10-1　过五关斩六将

```
a = input("请输入一个数：")
b = input("请再输入一个数：")
print(a/b)
```

输入 2 个数字后，结果如下：

```
请输入一个数：1
请再输入一个数：2
```

```
Traceback (most recent call last):
File "10-1.py", line 3, in <module>
    print(a/b)
TypeError: unsupported operand type(s) for /: 'str' and 'str'
```

经过思考，小帅修改了自己的程序。

```
a = eval(input("请输入一个数 :"))
b = eval(input("请再输入一个数 :"))
print(a/b)
```

终于可以用了，小帅看着旁边的小萌。

“小萌，要不要来试下我的除法运算程序？”

“好的，我来啦……小帅，你写得很不错”

小萌第一个数输入了 5，第二个数输入了 0，发现程序出现如图 10-2 所示错误。

```
ZeroDivisionError: division by zero
```

图 10-2　除以 0 后出错

然后小萌又试了一下：第一个数输入了 a，又出现如图 10-3 所示错误……

```
请输入一个数:a
Traceback (most recent call last):
  File "C:\教学\python青少年编程教材\9\程序资料\9-1.py", line 1, in <module>
    a = eval(input("请输入一个数:"))
  File "<string>", line 1, in <module>
NameError: name 'a' is not defined
```

图 10-3　命名错误

这种代码逻辑没有错误，只是因为用户错误操作或者一些“例外情况”而导致的程序崩溃，我们常常叫作异常。

快来学习如何处理异常，使程序更加健壮吧！

10.1 try-except 语句

Python 在遇到错误时会引发异常。如果异常对象未被处理（或捕获）时，程序将终止并显示一条错误消息。现在来看看处理异常的小能手 try-except 的使用方法：

```
try:
    可能产生异常的代码块
except:
    处理异常的代码块
```

【例 10-1】 处理除法运算异常。

让咱们一起试着使用 try-except 帮助小帅解决他的问题吧……你肯定可以做个 Python 纪律委员并帮助 Python 程序减少异常。

```
try:
    a = eval(input("请输入一个数："))
    b = eval(input("请再输入一个数："))
    print(a/b)
except:
    print("程序发生异常")
```

小萌再次试了试，看看结果怎么样？如图 10-4 和图 10-5 所示。

```
请输入一个数:9
请再输入一个数:0
程序发生异常

Process finished with exit code 0
```

图 10-4 除 0 异常捕获

```
请输入一个数:a
程序发生异常

Process finished with exit code 0
```

图 10-5 命名异常捕获

注意：（1）Python 用缩进标明成块的代码，try 后面跟的语句块中的语句如果有的缩进有的不缩进就违反了语法规则，程序会报错。

（2）try 的子句中一旦发生异常立刻中断当前执行，而执行 except 后面的子句。比如输入一个数：a，这里已经发生异常，不会让用户再输入第二个数，而直接到 except 的子句。

"老师，我还有一个问题：输入 9 和 0 出现异常，输入 a 也是异常，可能还有其他异常，请问有没有什么方法区别不同的异常呢？"

要解决这个问题，就要讲到 try-except 语句可以支持多个 except 语句，语法格式如下：

```
try:
    可能产生异常的代码块
except  <异常类型 1>:
    处理异常的代码块 1
……
except  <异常类型 N>:
    处理异常的代码块 N
except:
    处理异常的代码块 N+1
```

如果你知道异常类型就可以写出异常类型，与 if-elif-else 结构类似，如果是异常类型 1，执行处理异常的代码块 1，以此类推，如果都不是，执行 except 后面的处理异常的代码块 N+1。

当输入 10 和 0 后，会出现图 10-6 的错误，而在错误中就包含了异常类型。

```
ZeroDivisionError: division by zero
```

↑ 异常类型

图 10-6　除 0 的异常信息

Python 常见的异常类型如表 10-1 所示。

表 10-1 常见的异常类型

异常类型	描述
ZeroDivisionError	除法运算中除数为 0 引发此异常
IndexError	索引超出序列范围会引发此异常
NameError	尝试访问一个未声明的变量时，引发此异常
ValueError	传入无效的参数

【例 10-2】 多 except 处理除法异常。

根据上面的知识点，快来帮小帅完成更友好的异常提示语程序吧！

```
try:
    a = eval(input("请输入一个数:"))
    b = eval(input("请再输入一个数:"))
    print(a/b)
except ZeroDivisionError:
    print("发生了 ZeroDivsionError 异常，除数不能为 0")
except NameError:
    print("发生了 NameError 异常，不能使用未声明的变量")
except:
    print("发生了其他异常")
```

【问题 10-1】 小帅同学加入 try-except 后的程序，try 后面的语句块是 3 条语句，如果改成下面的代码行不行？为什么？

```
a = eval(input("请输入一个数:"))
b = eval(input("请再输入一个数:"))
try:
    print(a/b)
except:
    print("程序发生异常")
```

【问题 10-2】 多个 except 语句程序中，不要最后的 except 及其子句，程

序语法上会报错吗？会有什么问题？

【问题 10-3】 执行以下程序，出现的结果是（　　）。

```
try:
    s = "青少年编程教程"
    print(s[7])
except:
    print("error")
```

A. 青少年编程教程　　B. error
C. 程序发生异常报错　　D. 程

10.2　try-except-else 语句

上面学习了 try-except 结构，出现输入异常程序可以做出相应的处理。这时小萌突然想到一个问题。

"老师，有异常可以走向 except 后面的语句，可是如果运行正常呢？ Python 怎么解决的？"

"小萌同学这个问题问得好，我们前面学习了 if-else、for-else、while-else 结构？大家思考下有没有什么可以借鉴的？"

"老师，我想是不是异常进入 except 后，运行正常就是 else，是不是加个 else 就可以了？"

同学们积极讨论，得到了一个解决思路，看看 Python 语法是不是和同学们讨论的一样呢？接下来学习 try-except-else 的用法。

```
try:
    可能产生异常的代码块
except:
    处理异常的代码块
else:
    无异常的代码块
```

【例 10-3】 到底发没发生异常？

```
try:
    a = eval(input("请输入一个数:"))
    b = eval(input("请再输入一个数:"))
    print(a/b)
except:
    print("程序发生异常")
else:
    print("程序正常运行，没有异常")
```

【问题 10-4】 什么时候会执行 try-except-else 的 else 部分（　　）。

A. 总是　　B. 当发生异常时

C. 没有异常发生　　D. 当包含块之外执行发生异常时

【问题 10-5】 运行下方代码段，输出的结果是（　　）。

```
try:
    a, b = 2, "python"
```

```
    print("a * b = {}".format(a * b))
    print("a / b = {}".format(a + b))
except:
    print("程序发生了错误")
else:
    print("程序正常运行，没有异常")
```

A. a * b = pythonpython
   程序发生了错误

B. a * b = 2python
   程序发生了错误

C. a * b = pythonpython
   程序正常运行，没有异常

D. a * b = pythonpython
   程序正常运行，没有异常

10.3　try-except-finally 语句

“嗯——，通过前面的学习，我知道了 except 后跟处理异常的语句，else 后跟无异常的语句，那会不会存在不管有没有异常，都执行的语句？”

“嗯，这就要看 finally 啦……”

快来看看 finally 的用法吧！

```
try:
    可能产生异常的代码块
```

```
except:
    处理异常的代码块
finally:
    无论是否发生异常都要执行的代码
```

【例 10-4】 无论如何都会发生的事。

让 Python 来帮助小帅！无论是否发生异常，都告诉使用者该程序的作者是小帅。

```
try:
    a = eval(input("请输入一个数："))
    b = eval(input("请再输入一个数："))
    print(a/b)
except:
    print("程序发生异常")
finally:
    print("作者：小帅，有问题请与我联系！ ")
```

两次运行的结果如图 10-7 和图 10-8 所示。

```
请输入一个数:10
请再输入一个数:1
10.0
作者：小帅，有问题请与我联系！
```

图 10-7　未发生异常捕获

```
请输入一个数:10.1
请再输入一个数:国庆节
程序发生异常
作者：小帅，有问题请与我联系！
```

图 10-8　发生异常捕获

不管程序发不发生异常，都会输出 finally 后面那句话。

【例 10-5】 是否发生异常来问我。

其实 finally 也可以放在 try-except-else 后形成 try-except-else-finally 这种形式，修改例 10-4 后代码如下：

```
try:
    a = eval(input("请输入一个数："))
    b = eval(input("请再输入一个数："))
print(a/b)
except:
   print("程序发生异常")
```

```
else:
    print("程序正常运行，没有异常")
finally:
    print("作者：小帅，有问题请与我联系！ ")
```

【例 10-6】 绘制彩色螺旋线，并判断及统计输入密码的次数。

不断请求用户输入，只有输入密码 1 才能看到如图 10-9 所示彩色螺旋线图形，输入 0 退出，要求：如果输入错误，有相应的提示信息并且需要统计总共输入了多少次。

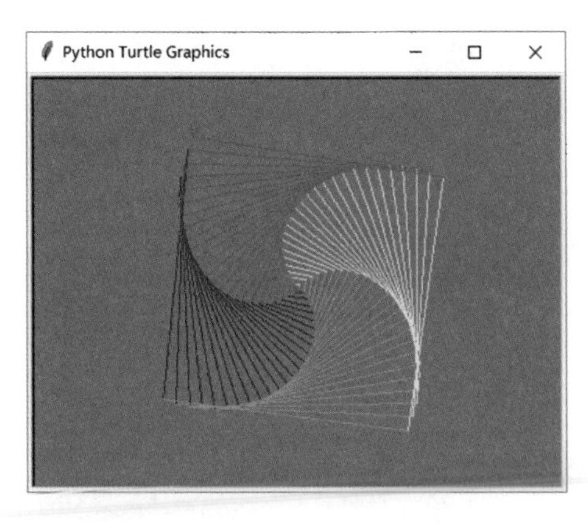

图 10-9　彩色螺旋线

```
from turtle import *
speed(100)
bgcolor("grey")
colors=['red','orange', 'yellow', 'green', 'pink', 'purple']
n=0
while True:
    try:
        answer = int(input("输入 1 绘制彩色螺旋线，输入 0 退出 :"))
        if answer == 0:
            break
        elif answer == 1:
            for x in range(0,100):
                color(colors[x%4])
                forward(x*2)
```

```
                left(89)
        else:
            print("输入的数字错误")
    except:
        print("输入的数据不是数字")
    finally:
        n += 1
        print("一共输入了{}次".format(n))
done()
```

【问题 10-6】 有没有 try-finally 这种结构，语法会不会报错?

【问题 10-7】 什么时候会执行 try-except-finally 的 finally 部分？(　　)

A. 总是　　B. 当发生异常时

C. 没有异常发生　　D. 当包含块之外执行发生异常时

【问题 10-8】 我们学习了 try-except-finally 执行以下程序，输出结果是(　　)。

```
try:
    s = 6 + "6"
    print("运算正常执行",end = " ")
except:
    print("运算无法执行",end = " ")
finally:
    print("结束判断")
```

A. 运算正常执行 结束判断　　B. 运算无法执行 结束判断

C. 运算无法执行　　D. 程序报错

“在本单元中，我们学习了异常处理的使用方法。在 Python 程序中使用 try-except 机制来捕获异常，能够避免许多意外的错误发生，使程序更加健壮！在今后的编程过程中，我们要善于使用异常处理机制，编制越来越完善的程序。”

1. 以下选项中，Python 用于异常处理结构中用来捕获特定类型的异常的关键字是（　　）。

   A. except　　B. do　　C. pass　　D. while

2. Python 异常处理中，不可能用到的关键字是（　　）。

   A. while　　B. else　　C. except　　D. finally

3. 关于程序的异常处理，以下选项中描述错误的是（　　）。

   A. 程序异常发生经过妥善处理后可以继续执行

   B. 异常语句可以与 else 和 finally 保留字配合使用

   C. 编程语言中的异常和错误是完全相同的概念

   D. Python 通过 try、except 等保留字提供异常处理功能

4. Python 中使用异常处理的关键字是（　　）。

   A. try-except　B. raise　　C. assert　　D. error

5. 运行下面的代码段，输出的结果是（　　）。

```
try:
    a, b = 5, 0
    print("a + b = {}".format(a+b))
    print("a / b = {}".format(a/b))
except:
```

```
    print(" 程序发生了错误 ")
```

A. a + b = 5

B. a + b = 5
   a / b = 程序发生了错误

C. 程序发生了错误

D. a + b = 5
   程序发生了错误

6. 运行下面的代码段，输出的结果是（　　）。

```
try:
    a, b = 3, "5"
    print("a * b = {}".format(a * b))
    print("a / b = {}".format(a + b))
except:
    print(" 程序发生了错误 ")
```

A. `a * b = 555`
   程序发生了错误

B. `a * b = 555`
   `a / b =` 程序发生了错误

C. 程序发生了错误

D. `a * b = 15`
   程序发生了错误

7. 运行下列代码，输入“优秀”，则输出结果为（　　）。

```
try:
    s = int(input(" 请输入语文考试分数: "))
except:
    print(" 输入错误 ")
else:
    print(s)
```

A. 优秀

B. 输入错误

C. 请输入语文考试分数

D. 无输出结果

8. 运行下面的代码段，输出的结果是（　　）。

```
try:
```

```
    x,y = 1,"2"
    print(x+y)
except:
    print("运算出错")
```

A. 3　　B. "3"
C. "3" 运算出错　　D. 运算出错

9. 运行下面的代码段，输出的结果是（　　）。

```
try:
    s = 1 + "1"
    print("运算正常执行",end = " ")
except:
    print("运算无法执行",end = " ")
finally:
    print("结束判断")
```

A. 运算无法执行　　B. 运算正常执行 结束判断
C. 运算无法执行 结束判断　　D. 结束判断

10. 运行下面的代码段，按序输入两个数据：数字 5 和 2，输出的结果是（　　）。

```
try:
    a = int(input("请输入一个整数："))
    b = int(input("请再输入一个整数："))
    print("{}/{}={}".format(a,b,a/b))
except ZeroDivisionError:
    print("0 不能用作除数。")
except:
     print("发生了其他错误。")
else:
     print("程序正常执行。")
finally:
```

```
print("程序运行结束。")
```

A. 发生了其他错误。
程序运行结束。

B. 5/2=2.5
程序正常执行
程序运行结束

C. 5/2=2.5
程序运行结束

D. 程序正常执行
程序运行结束

第 11 单元
Python 工具箱
——标准函数入门

图 11-1　狮子照哈哈镜

今天，小萌看了个非常有趣的故事《狮子照哈哈镜》(图 11-1)，故事里狮子通过哈哈镜变得非常小，同学们肯定知道，所有动物照这面哈哈镜都会变小。生活中，我们常常可以看到各种哈哈镜，如果我们进入了一间房间，如图 11-2 所示，里面有 4 面哈哈镜：变矮、变高、变瘦、变胖，每位同学都可以依次照这些哈哈镜：

变矮哈哈镜
变高哈哈镜
变瘦哈哈镜
变胖哈哈镜

图 11-2　4 面哈哈镜

每面哈哈镜都有某个功能，任何物体在镜子面前都会得到一个结果。我们将 4 面镜子合在一起就会得到 4 个结果。在实际生活中，人们也习惯于将一个复杂的问题细分，变成一个个容易的问题。如小学分 6 个年级，初中分 3 个年级，每个年级都有自己的学习任务；一架飞机由机翼、机身各个部件构成；还有咱们喜欢的乐高机器人，一个个小零件拼成一件大作品。分工合作同样是一个非常重要的程序概念，它可以帮助人们完成很多复杂的问题，让任何复杂的问题变得更容易实现。

接下来，快来使用分工合作的函数，使程序更加简单吧！

11.1　函数的使用方法

函数是一段具有特定功能的、可重用的语句组，用函数名来表示并通过函数名进行功能调用。就像变矮哈哈镜一样，它的功能是变矮，而且可以重复使用，任意一个物体都可以用这面镜子。要使用时，在程序中写上变矮哈哈镜就可以用了，是不是很神奇？至于变矮哈哈镜是怎么制作的，就不用我们深究了，这就是个变矮哈哈镜函数。每次使用函数时可以提供不同的参数作为输入，以实

现对不同数据的处理；函数执行后，还可以反馈相应的处理结果。比如，小萌使用变矮哈哈镜的结果就是小萌变矮的影像，小帅使用的结果是小帅变矮的影像，铅笔、玩具等都可以用变矮哈哈镜，不同物品用哈哈镜得到的影像也不一样。

函数调用的一般形式如下：

```
< 函数名 >(< 参数列表 >)
```

当使用哈哈镜函数时，小萌、小帅、铅笔、玩具等都是参数，函数名就是哈哈镜。小萌调用哈哈镜函数可以写成

哈哈镜 (小萌)

调用函数的技能，你学会了吗?

【问题 11-1】 使用函数是不是增加了编程的难度?

11.2　标准函数的应用

小萌拥有了调用函数的技能后，想了解还有哪些强大的标准函数。

“老师，函数真好用，除了前面学习过的函数外，Python 中一定还有许多好用的函数吧？”

“除了咱们用过的 input( )、output( )、int( )、str( ) 等，Python 还有许多常用的标准函数呢！”

1. max( ) 函数

Python 内置 max( ) 函数的功能为：取传入的多个参数中的最大值，或者传

入的可迭代对象元素中的最大值。语法如下：

```
max(iterable,*[,key,default])
max(arg1,arg2,*args[,key])
```

其中，默认数字型参数，取最大值；字符型参数，取字母表排序靠后者。key 可作为一个函数，用来指定取最大值的方法。default 用来指定最大值不存在时返回的默认值。arg1 字符型参数 / 数值型参数，默认数字型。例如：

```
>>>max(1,2,3,4)
4
>>>max([7,1,2],[4,5,6])
[7, 1, 2]
>>>max(())
Traceback (most recent call last):
  File "<pyshell#13>", line 1, in <module>
    max(())
ValueError: max() arg is an empty sequence
>>>max((),default=10)
10
>>>max('123abcef')
'f'
```

【例 11-1】 小萌喜欢玩一个成语接龙游戏，每次得分如图 11-3 所示，你能帮她计算出她的历史最高得分吗？试着用 python 来帮帮她吧！

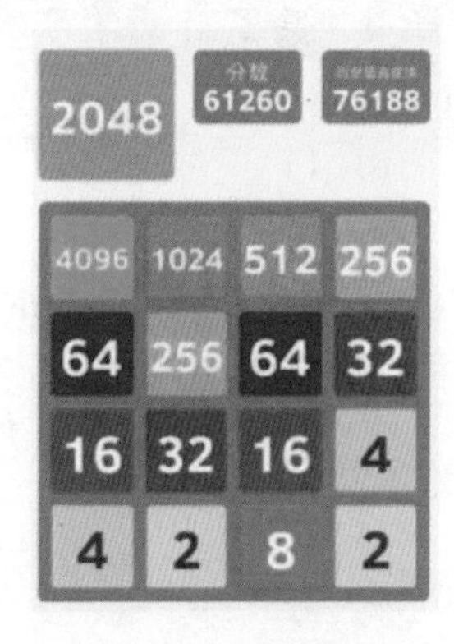

图 11-3 游戏得分

程序代码如下：

```
s = eval(input("输入小萌的得分，以逗号隔开："))
print("小萌的历史最高得分为：",max(s))
```

运行结果如下：

```
输入小萌的得分，以逗号隔开：2,76188,6,512,256,1024,4096,2048,61260
小萌的历史最高得分为：76188
```

【问题 11-2】 运行下面的代码段，接收用户输入数据 1230,8,79 后，输出结果是什么？为什么？

```
s = input("输入小萌的得分，以逗号隔开：")
print("小萌的历史最高得分为：",max(s))
```

2. min( ) 函数

min( ) 函数与 max( ) 函数类似，功能为：取传入的多个参数中的最大值，或者传入的可迭代对象元素中的最大值。语法同样与 max( ) 函数类似。

例如：

```
>>>min(1,2,3,4)
1
>>>min([7,1,2],[4,5,6])
[4, 5, 6]
>>>min()
Traceback (most recent call last):
  File "<pyshell#2>", line 1, in <module>
    min()
TypeError: min expected at least 1 argument, got 0
>>>min((),default=0)
0
>>>min('123abcef')
'1'
```

【例 11-2】 学校最近开展“手拉手，共画美丽中国”的活动，老师交给小萌 100 元钱，让小萌去商店购买彩色铅笔作为活动的奖品。为了让更多的小朋友获得奖品，小萌去了 8 家文具店，想找到价格最低的彩色铅笔（见图 11-4）。请编写程序，帮助小萌在 8 个价格中找到最低的价格。

图 11-4　文具店

程序代码如下：

```
s = eval(input("输入商品价格，以逗号隔开："))
print("最便宜的商品价格为：{}元".format(min(s)))
```

运行结果如下：

```
输入商品价格，以逗号隔开：6.99,8.5,5.9,6.66,2.99,5,6.8,1
最便宜的商品价格为：1元
```

【问题 11-3】 输入商品价格之间的逗号是中文的还是英文的，如果不小心输入逗号有误，会出现什么情况？

3. sum( ) 函数

Python 内置函数 sum( ) 用来执行一个序列，并返回序列的和。最常见的

使用方式如下：

```
sum(iterable[, start])
```

其中，iterable 是可迭代对象，如列表 (list)、元组 (tuple)、集合 (set)、字典 (dictionary)，start 指定相加的参数，如果没有设置这个值，默认为 0。

例如：

```
>>>sum([1,2,3])
6
>>>sum([1,2,3],1)
7
>>>sum([1,2,3],3)
9
```

【例 11-3】 小萌和爸爸在超市里选了几件商品，帮爸爸算算（见图 11-5），应付多少元？找零多少元？

图 11-5 超市结账

程序代码如下：

```
s = eval(input("输入已买商品价格，以逗号隔开："))
total = sum(s)
print("总计：{}元，找零：{}元".format(total,10-total))
```

运行结果如下：

```
输入已买商品价格，以逗号隔开：1, 1.99, 2, 1.5
总计：6.49元，找零：3.51元
```

【问题 11-4】 小帅一看，很好理解啊！他试着做了一下，结果出现了图 11-6 所示错误，为什么？

```
>>> sum(1)
Traceback (most recent call last):
  File "<pyshell#2>", line 1, in <module>
    sum(1)
TypeError: 'int' object is not iterable
>>> sum(1,2)
Traceback (most recent call last):
  File "<pyshell#3>", line 1, in <module>
    sum(1,2)
TypeError: 'int' object is not iterable
>>> sum(1,2,3)
Traceback (most recent call last):
  File "<pyshell#4>", line 1, in <module>
    sum(1,2,3)
TypeError: sum() takes at most 2 arguments (3 given)
```

图 11-6　sum 函数出错信息

4. round( ) 函数

round( ) 是一个 python 内置函数，用于数字的四舍五入，语法如下：

```
round(number,num_digits)
```

其中，number 表示待处理的数字，num_digits 指定的位数，按此位数进行四舍五入，如果 num_digts 大于 0，则四舍五入到指定的小数位，如果 num_digts 等于 0，则四舍五入到最接近的整数，如果 num_digits 小于 0，则在小数点左侧进行。

例如：

```
>>>round(123.456)
123
>>>round(123.456,1)
123.5
>>>round(123.456,-2)
100.0
```

```
>>>round(123.456,-1)
120.0
>>>round(123.456,0)
123.0
```

【例 11-4】 在例 11-3 中小萌买了很多东西，一般超市会将总价四舍五入到角，请修改程序算出总价、四舍五入后的总价及找零多少？

程序代码如下：

```
s = eval(input(" 输入已买商品价格，以逗号隔开：")）
total = sum(s)
money = eval(input(" 收到顾客金额：")）
print(" 总计 :{} 元，四舍五入后总计：{}，找零 :{} 元 ".\
format(total,round(total,1),money-round(total,1))))
```

运行结果如图 11-7 所示。

```
输入已买商品价格，以逗号隔开：1,1.99,2,1.5
收到顾客金额：20
总计:6.49元，四舍五入后总计：6.5，找零:13.5元
```

图 11-7　超市收款信息

【问题 11-5】 在例 11-4 中，如果所有的 round(total,1) 都被 round(total) 代替，输出结果会是什么？

5. pow( ) 函数

Python 内置的 pow( ) 方法，返回 x^y(x 的 y 次方) 的值，语法如下：

```
pow(x, y[, z])
```

其中，x，y，z 是数值表达式；如果 z 存在，则再对结果进行取模，其结果等效于 pow(x,y)%z。例如：

```
>>>pow(2,3)
8
>>>pow(2,3,5)
3
>>>pow(2.3,2)
5.289999999999999
>>>pow(2.3,2)
5.289999999999999
>>>pow(2+3,1+1)
25
>>>pow(2+3,0.5)
2.23606797749979
>>>pow(2+3j,2)
(-5+12j)
```

【例 11-5】 变化的金箍棒：根据孙悟空的指令绘制如意金箍棒，假如金箍棒最初由 4 节组成，每节长 5 像素，说一次变大，金箍棒变大一倍。

程序代码如下：

```
s = input('孙大圣说:')
n = s.count('变大')
length = 5
length = pow(length,n)
from turtle import *
colors=['gold','red','red','gold']
hideturtle()
penup()
fd(-length)
pendown()
pensize(length/10)
for i in range(4):
    pencolor(colors[i])
    fd(length/2)
```

运行结果如图 11-8 所示。

孙大圣说：变大

孙大圣说：变大变大

孙大圣说：变大变大变大

图 11-8 按指令绘制金箍棒

“大家试试孙大圣说 4 遍变大后，金箍棒会变多大？哈哈，看了后你会感到很惊奇……”

【问题 11-6】 金箍棒的大小变化是不是很大，请问它的长变长了，宽有没有变化？怎么实现的？

【问题 11-7】 pow('abc',3) 的结果是什么？

6. len() 函数

Python 内置函数 len() 返回对象的长度。通常，len() 函数与字符串、元组、集合、字典等一起使用，以获取对象长度。最常见的使用方式如下：

```
len(s)
```

其中，s 为对象。

例如：

```
>>>len('中国少年先锋队')
7
>>>len([1949,1964,1978,1984,1997,2008,2021])
7
>>>len(['中国','您好!'])
2
```

“小帅，老师让我数数，从 1 到 1000，每隔 7 个数数一次：1，8，15……有没有好的办法来快速数完呢？”

“一个一个数，很容易数错的，还是找我们的好朋友Python来帮忙吧！”

【例 11-6】 从1到1000，每隔7个数字数一个数字，1,8,15……请问一共有多少个数?

程序代码如下：

```
n = len(range(1,1001,7))
print("1-1000 间隔为 7 的数字一共有 "+str(n)+" 个 ")
```

运行结果如下：

```
1-1000 间隔为 7 的数字一共有 143 个
```

【问题 11-8】 2的1000次方的得数是一个几位数的数（比如 2^{10}=1024, 1024是个4位数）。

“在本单元中，我们学习了函数的使用方法，能够在生活的实际问题中使用 max( )、min( )、sum( )、round( )、pow( ) 函数，还学习了孙悟空的独门技能：变化金箍棒。

在后续的课程中，我们还将进一步学习更多更有趣的标准函数，还会学习自己写函数，让我们共同期待吧！”

1. 下面关于函数的叙述，正确的是（　　）。
   A. `len("3+2")` 运行的结果是 3
   B. `float("3*2")` 的结果是 6.0

C. `eval("3*2")` 的结果是 `6.0`

D. `list("12.3")` 的结果是 `[12.3]`

2. 关于函数的叙述中，正确的是（　　）。

A. `int("5.1")` 的结果是 `5`

B. `float("3+2")` 的结果是 `5.0`

C. `len(123)` 的结果是 `3`

D. `pow(2,3)` 的结果是 `8`

3. 在 Python 中，语句 len(" 编程学习 ")+abs(–3.6) 的执行结果为（　　）。

A. 0.4　　B. 1.4　　C. 7.6　　D. 8.6

4. 运行下方代码段，得到的结果为（　　）。

```
x = 3.0
print(type(x))
```

A. `<class 'string'>`　　B. `<class 'list'>`

C. `<class 'int'>`　　D. `<class 'float'>`

5. 在 Python 中，叙述不正确的是（　　）。

A. `sum(1, 2, 3)` 的值为 `6`

B. `eval("3 + 3 / 3")` 的值为 `4.0`

C. 表达式 `pow(3, 2) == 3**2` 的值为 `True`

D. `int("5.0")` 执行会报错

6. 关于 Python 中函数的叙述中，不正确的是（　　）。

A. 直接使用 `input()` 函数获得的用户输入都会作为字符串类型数据

B. `max(1, 2, 3, 2, 1)` 的值为 `3`

C. `list("123")` 的值为 `[1, 2, 3]`

D. `int(6.5)` 的值为 `6`

7. 关于 Python 中函数的叙述中，不正确的是（　　）。

A. `float("5.")` 的值为 `5.0`

B. `len("天\n地\n人")` 的值为 `5`

C. `eval("[1, 2, 3]")` 的结果是列表型数据 `[1, 2, 3]`

D. `sum(range(5))` 的值是 15

8. 下列关于 Python 的函数中，正确的是（　　）。

A. `round(1,2,3)`　　B. `float(1,2,3)`

C. `sum((1,2,3))`　　D. `eval((1,2,3))`

9. 若 x 是非 0 整数，通过函数运用，能够实现对其进行奇偶判断的表达式是（　　）。

A. `x/2==float(x/2)`　　B. `x/2==eval(x/2)`

C. `x/2==int(x/2)`　　D. `x/2==round(x/2,0)`

10. 用来返回序列中最大元素的 Python 内置函数是（　　）。

A. `big()`　　B. `huge()`　　C. `min()`　　D. `max()`

附录 A
Python 开发环境
的搭建

在正式学习 Python 之前，必须先在电脑上构建 Python 环境，这样才能在其中编写程序并运行。集成开发环境的缩写是 IDE，用来表示辅助程序员开发的应用软件，是它们的一个总称。一般情况下，程序员可选择的 IDE 类别是很多的，比如说，用 Python 语言进行程序开发，既可以选用 Python 自带的 IDLE，也可以选择使用 PyCharm 等作为 IDE。这里我们将介绍 Python IDLE 开发工具和 PyCharm 开发工具的安装和使用。

 1. Python IDLE 的安装

（1）下载 Python 安装包

进入 Python 官方网站（https://www.python.org），选择“Downloads”选项，在下拉菜单里根据用户的操作系统进行选择，此处单击“Windows”（如图 A-1 所示）。

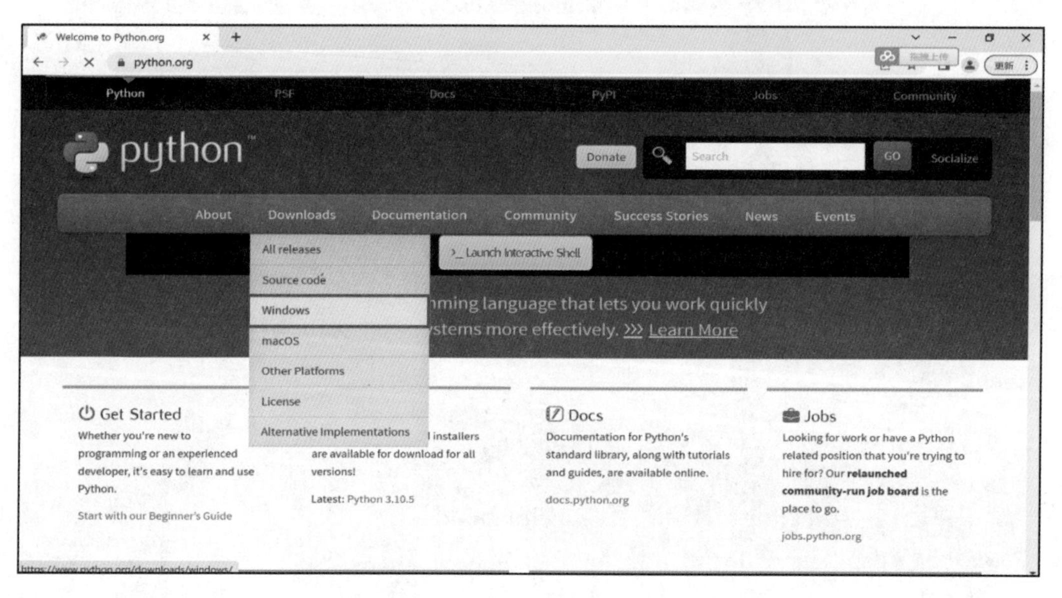

图 A-1 Python 网站

进入 Python 不同版本的详细下载列表（如图 A-2 所示），根据操作系统的版本选择下载。带（32-bit）的，表示是在 Windows 32 位系统上使用的；而带（64-bit）的，则表示是在 Windows 64 位系统上使用的。另外，标记为“embeddable package”的，表示可以集成到其他应用中；标记为“installer”的，表示可以通过可执行文件（*.exe）方式离线安装。当前最新版本是 3.10.5，这里推荐单击“Download Windows installer(64-bit)”超链接，下载适用于 Windows 64 位操作系统的离线安装包。

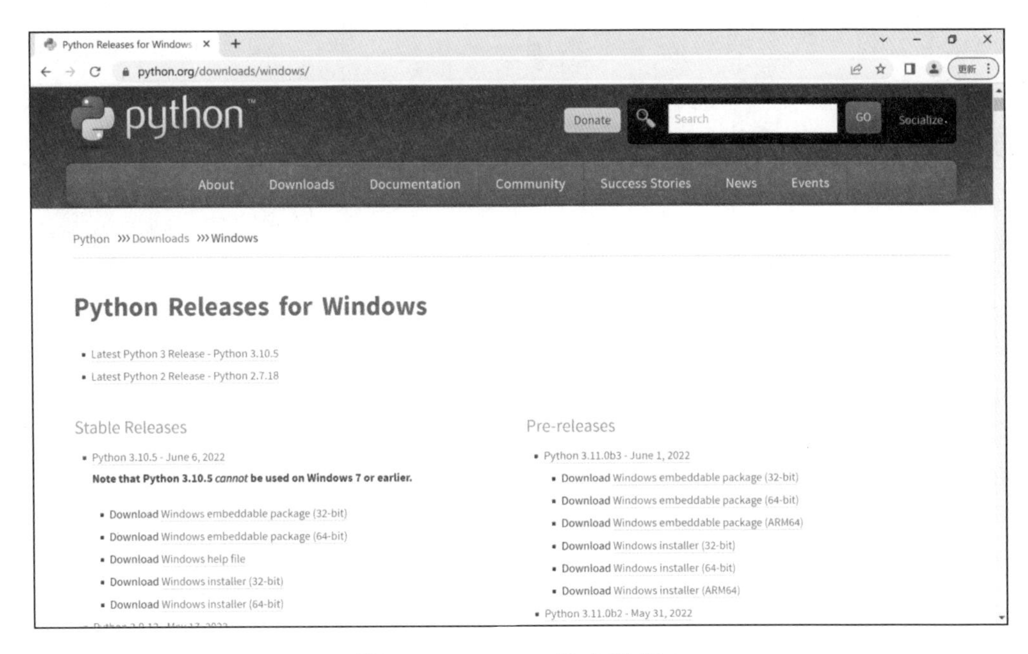

图 A-2　Python 的安装版本

（2）安装 Python 软件

双击已经下载好的软件，将显示安装向导对话框（如图 A-3 所示）。选中 Add Python 3.10 to PATH 复选框，表示将 Python 软件的运行路径添加到 Windows 的环境变量里，这样就可以在“命令提示符”下运行 Python 命令。单击 Customize installation 按钮，进行自定义安装（自定义安装可以修改安装路径）。

图 A-3　Python 安装向导

在弹出的安装选项对话框中采用默认设置，单击 Next 按钮，将打开高级选项对话框，在该对话框中，设置安装路径为“D:\Python310”（可自行设置路径），其他采用默认设置，如图 A-4 所示。单击 Install 按钮，开始安装 Python，安装完成后将显示“Setup was successful”。

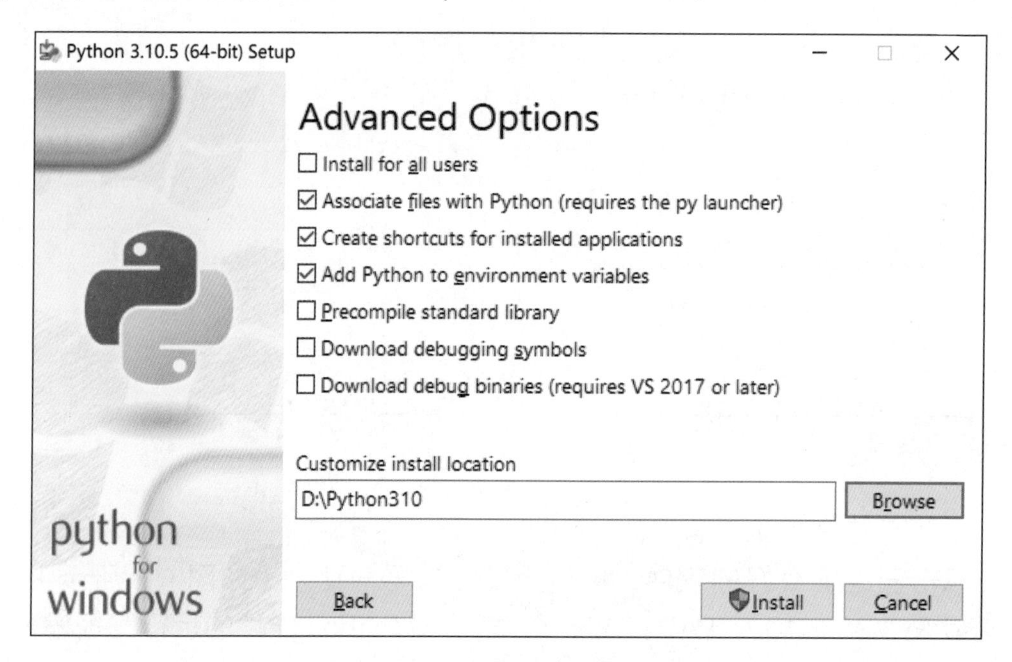

图 A-4　高级选项对话框

（3）测试 Python 是否安装成功

Python 安装完成后，需要检测 Python 是否成功安装。例如，在 Windows 10 系统中检测 Python 是否成功安装，可以在开始菜单右侧的“在这里输入你要搜索的内容”文本框中输入 cmd 命令，启动命令行窗口，在当前命令提示符后面输入“python”，按下 Enter 键，如果出现如图 A-5 所示的信息，则说明 Python 安装成功，同时系统进入交互式 Python 解释器中。

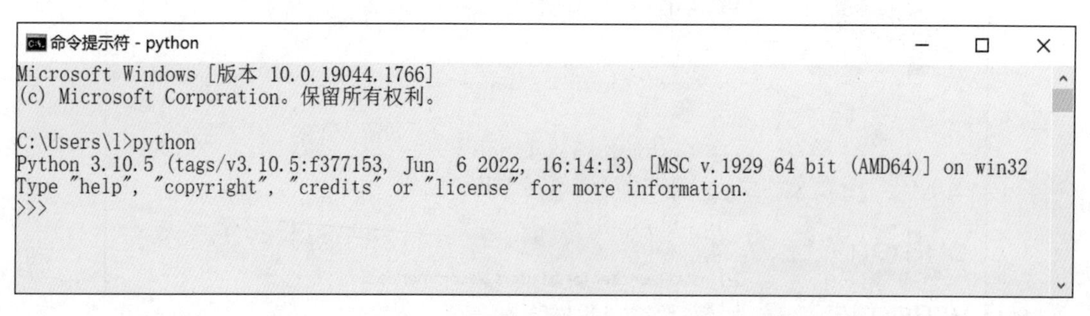

图 A-5　在命令行窗口中运行的 Python 解释器

如果在命令行窗口中输入“python”按下 <Enter> 后，显示“'python' 不是内部或外部命令，也不是可运行的程序或批处理文件”，是因为在当前路径中找不到 python.exe 可执行程序，具体的解决方法是配置环境变量，具体方法为：

右击“此电脑”图标，在弹出的快捷菜单里选择“属性”，在弹出的“属性”对话框里单击“高级系统设置”进入“系统属性”对话框，单击“环境变量”进入“环境变量”对话框（如图 A-6 所示），选中“系统变量”栏中的 Path 变量，然后单击“编辑”按钮。

图 A-6 “环境变量”对话框

在弹出的“编辑系统变量”对话框中单击“新建”按钮，在光标所在位置输入 Python 的安装路径“D:\Python310\”，然后再单击“新建”按钮，并且在光标所在位置输入“D:\Python310\Scripts\”（用户可根据自身安装软件的实际情况修改），如图 A-7 所示。单击“确定”按钮，完成环境变量的设置。

图 A-7　设置 Path 环境变量值

2. PyCharm 的安装

PyCharm 是 JetBrains 公司研发，用于开发 Python 的 IDE 开发工具。

1）下载 PyCharm 安装包

访问网址 http://www.jetbrains.com/pycharm/download/，进入如图 A-8 所示的 PyCharm 下载页面。可以看到 PyCharm 有两个版本，分别是 Professional（专业版）和 Community（社区版）。其中，专业版是收费的，可以免费试用 30 天，而社区版是完全免费的。建议初学者使用社区版，该版本不会对学习 Python 产生任何影响。

单击“Community”下方的“Download”按钮，下载得到 PyCharm 安装包。

2）安装 PyCharm 软件

双击打开下载的安装包，正式开始安装。在如图 A-9 所示的对话框里直接

单击 Next 按钮。

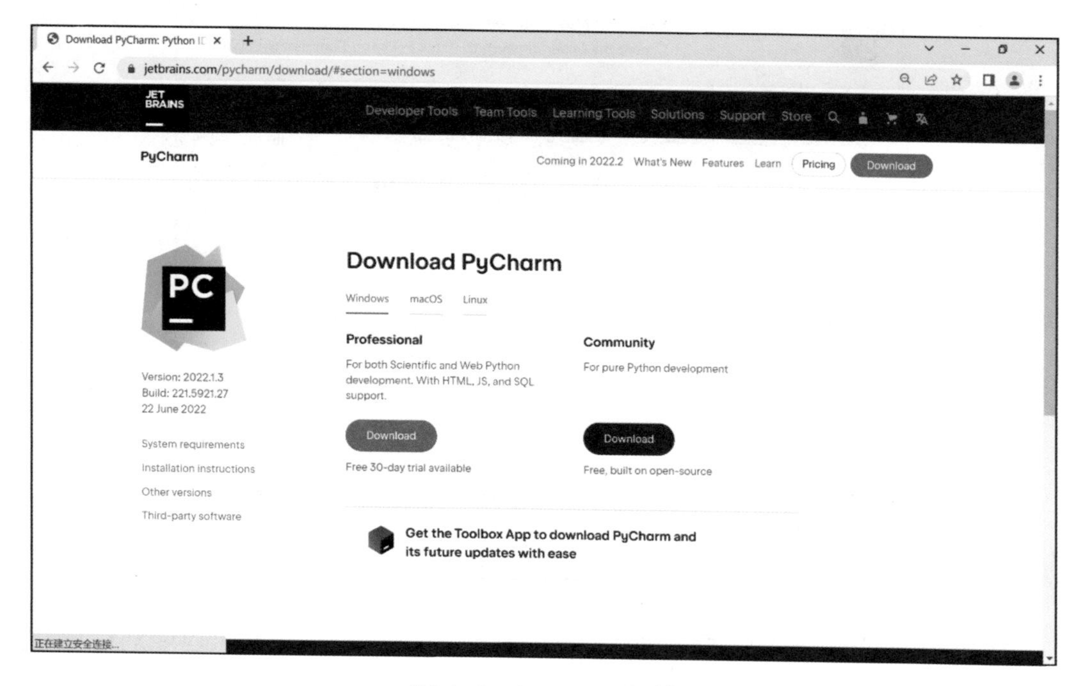

图 A-8　jetbrains 网站

图 A-9　PyCharm Community Edition Setup 对话框

可以看到如图 A-10 所示的 Choose Install Location 对话框，这里是设置 PyCharm 的安装路径，建议不要安装在系统盘（通常 C 盘是系统盘），这里选择安装到 D 盘。

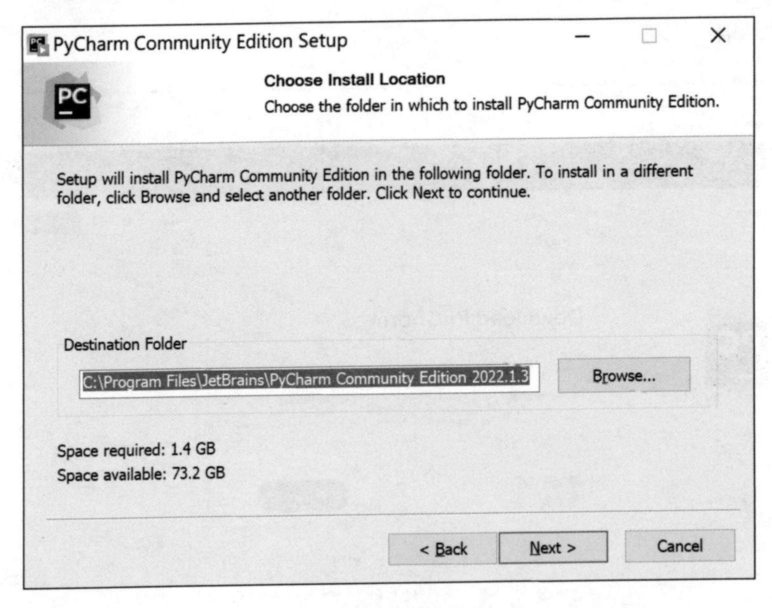

图 A-10 Choose Install Location 对话框

继续单击 Next 按钮，弹出如图 A-11 所示的 Installation Options 对话框。

PyCharm Community Edition Setup
Installation Options
Configure your PyCharm Community Edition installation
Create Desktop Shortcut
PyCharm Community Edition
Update PATH Variable (restart needed)
Add "bin" folder to the PATH
Update Context Menu
Add "Open Folder as Project"
Create Associations
.py
< Back
Next >
Cancel

图 A-11 Installation Options 对话框

接下来需要进行一些设置，可自行勾选所需要的功能。Create Desktop Shortcut 是创建桌面快捷方式选择；如果需要使用命令行操作 PyCharm，就勾选 Update PATH Variable；Update Context Menu 是用于添加鼠标右键菜单，使用打开项目的方式打开文件夹；勾选 Create Associations 后，双击 .py 文件，会默认使用 PyCharm 打开。

继续单击 Next 按钮，出现如图 A-12 所示的 Choose Start Menu Folder 对话框，选择默认即可，单击 Install 按钮，并等待安装进度条达到 100%，PyCharm 就安装完成了。单击 finish 按钮结束安装。

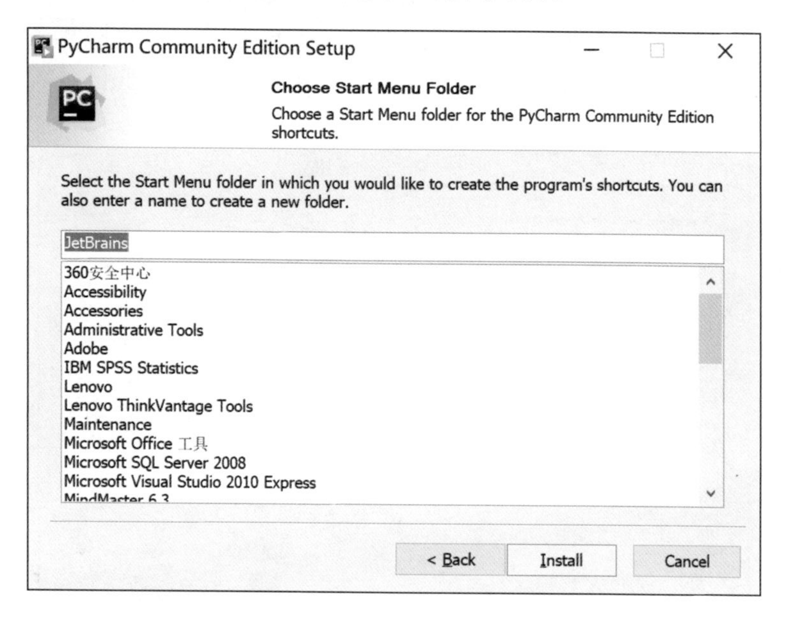

图 A-12　Choose Start Menu Folder 对话框

3）使用 PyCharm 软件

单击桌面上 PyCharm 的快捷方式打开 PyCharm，如图 A-13 所示。

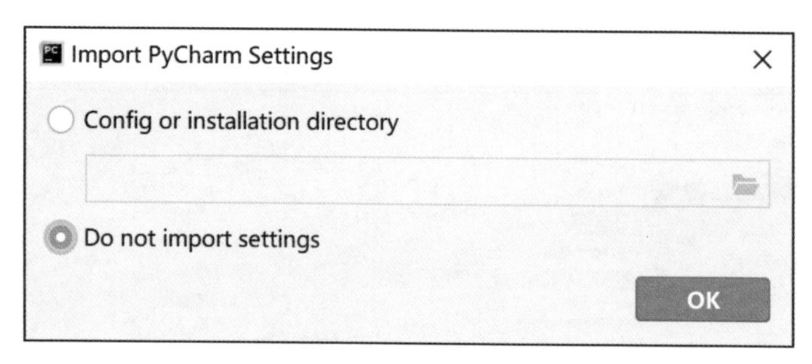

图 A-13　Import PyCharm Settings 对话框

首次运行需要进行简单配置，界面上的选项如下。

Config or installation directory：自定义位置，配置文件的目录或上一版本的安装目录。

Do not import settings：不导入任何设置。

若是全新安装，本地暂无其他任何可导入的配置，选择 Do not import settings 即可，然后单击 OK 按钮。

单击 New Project 进入如图 A-14 所示的 New Project 窗口。在 New Project 窗口可以设置项目的存储路径，例如，设置项目存储路径为默认路径 C:\Users\l\PycharmProjects\Project1。设置完成后单击 Create 按钮，进入项目界面。

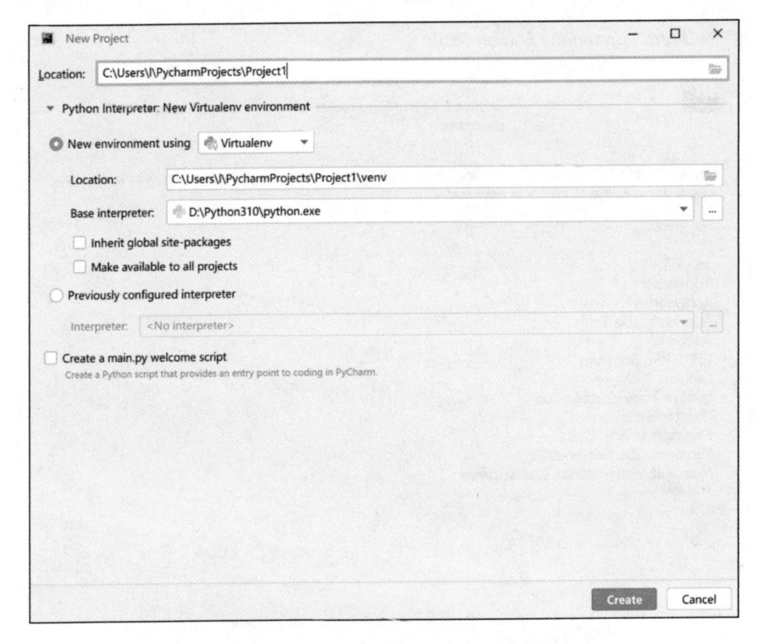

图 A-14　New Project 对话框

经过以上操作，就创建了一个空 Python 项目，之后还需要在项目中添加 Python 文件。右击项目名称，在弹出的下拉菜单中选择【New】→【Python File】，如图 A-15 所示。

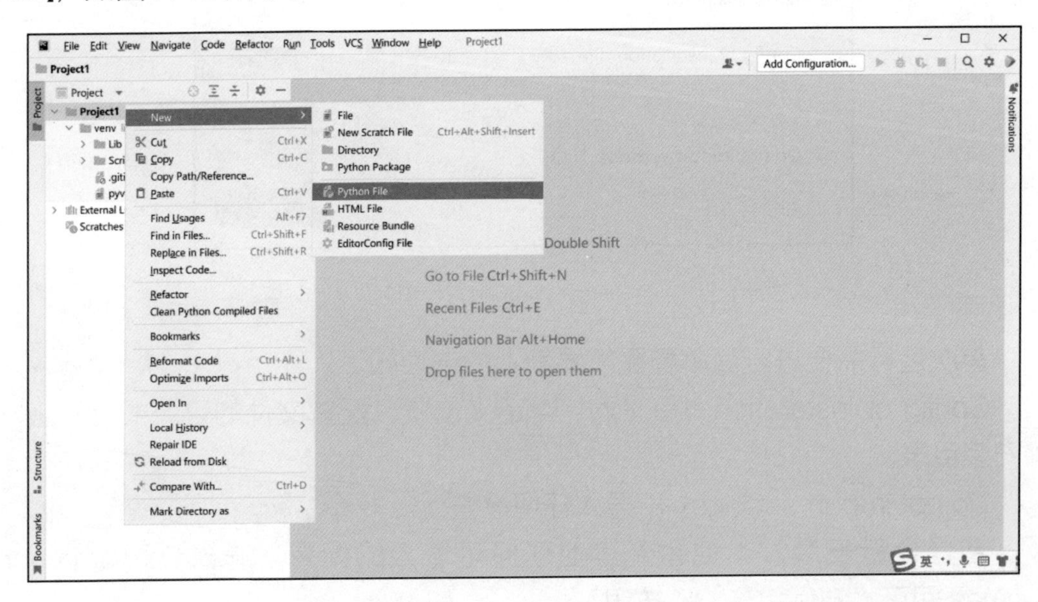

图 A-15　Project 窗口

单击下拉列表中的 Python File，将弹出如图 A-16 所示的 New Python file 窗口。这里输入的文件名为“first”，文件添加完成后的 PyCharm 窗口。

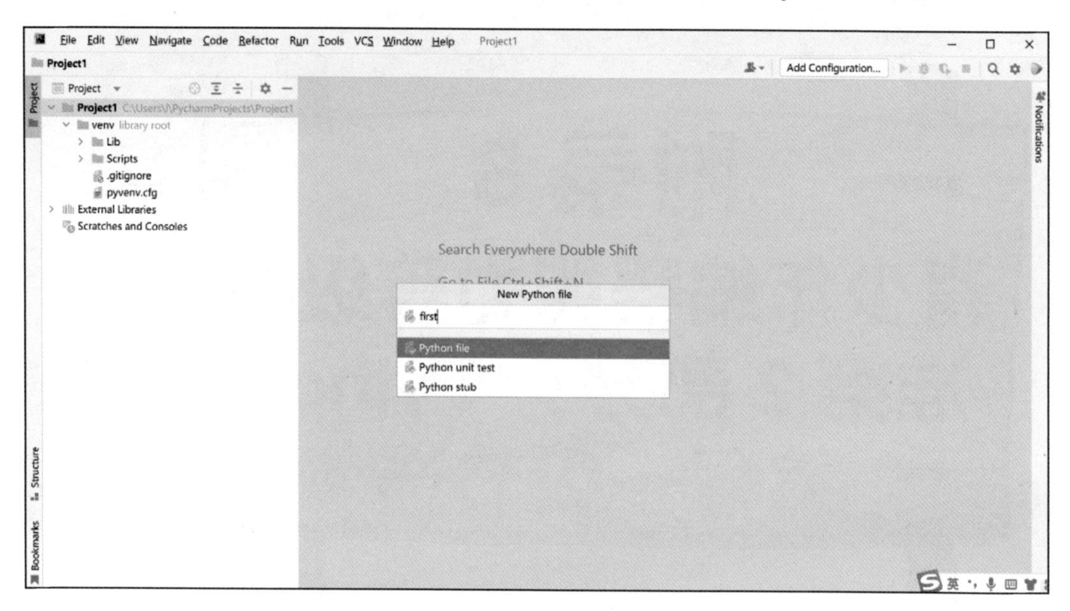

图 A-16　New Python file 窗口

在 first.py 文件中输入 print("I Love China!")。

单击工具栏的运行 Run 按钮来启动项目，执行结果将在窗口下方显示，如图 A-17 所示。

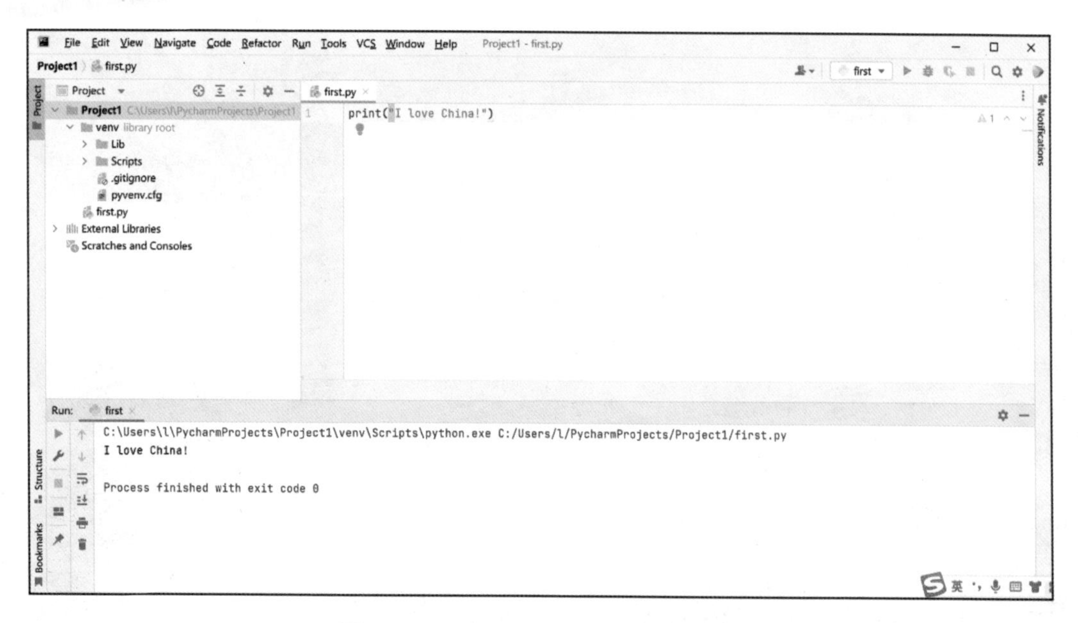

图 A-17　PyCharm 编辑运行窗口

至此，就完成了对 PyCharm 的安装和初步使用设置。

附录 B
青少年编程能力等级标
准第 2 部分： Python
编程一级节选

1. 标准编号：

T/CERACU/AFCEC/SIA/CNYPA 100.2—2019

2. 范围

本标准规定了青少年编程能力等级，本部分为本标准的第2部分。

本部分规定了青少年编程能力等级（Python编程）及其相关能力要求，并根据等级设定及能力要求给出了测评方法。

本标准本部分适用于各级各类教育、考试、出版等机构开展以青少年编程能力教学、培训及考核为内容的业务活动。

3. 规范性引用文件

下列文件对于本文件应用必不可少。凡是注日期的引用文件，仅注日期的版本适用于本文件。凡是不注日期的引用文件，其最新版本（包括所有的修改单）适用于本文件。

GB/T 29802 信息技术学习、教育和培训测试试题信息模型。

4. 术语和定义

4.1 Python语言（Python Language）

由Guido van Rossum创造的通用、脚本编程语言，本部分采用3.5及之后的Python语言版本，不限定具体版本号。

4.2 青少年（Adolescent）

年龄在10~18岁的个体，此“青少年”约定仅适用于本部分。

4.3 青少年编程能力Python语言（Python Programming Ability for Adolescents）

“青少年编程能力等级第2部分：Python编程”的简称。

4.4 程序（Program）

由Python语言构成并能够由计算机执行的程序代码。

4.5 语法（Grammar）

Python 语言所规定的、符合其语言规范的元素和结构。

4.6 语句式程序（Statement Type Program）

由 Python 语句构成的程序代码，以不包含函数、类、模块等语法元素为特征。

4.7 模块式程序（Modular Program）

由 Python 语句、函数、类、模块等元素构成的程序代码，以包含 Python 函数或类或模块的定义和使用为特征。

4.8 IDLE

Python 语言官方网站（https://www.python.org）所提供的简易 Python 编辑器和运行调试环境。

4.9 了解（Know）

对知识、概念或操作有基本的认知，能够记忆和复述所学的知识，能够区分不同概念之间的差别或者复现相关的操作。

4.10 理解（Understand）

与了解（3.9 节）含义相同，此“理解”约定仅适用于本部分。

4.11 掌握（Master）

能够理解事物背后的机制和原理，能够把所学的知识和技能正确地迁移到类似的场景中，以解决类似的问题。

5. 青少年编程能力 Python 语言概述

本部分面向青少年计算思维和逻辑思维培养而设计，以编程能力为核心培养目标，语法限于 Python 语言。本部分所定义的编程能力划分为 4 个等级。每级分别规定相应的能力目标、学业适应性要求、核心知识点及所对应能力要求。依据本部分进行的编程能力培训、测试和认证，均应采用 Python 语言。

5.1 总体设计原则

青少年编程等级 Python 语言面向青少年设计，区别于专业技能培养，采用如下 4 个基本设计原则。

（1）基本能力原则：以基本编程能力为目标，不涉及精深的专业知识，不以培养专业能力为导向，适当增加计算机学科背景内容。

（2）心理适应原则：参考发展心理学的基本理念，以儿童认知的形式运算阶段为主要对应期，符合青少年身心发展的连续性、阶段性及整体性规律。

（3）学业适应原则：基本适应青少年学业知识体系，与数学、语文、外语等科目衔接，不引入大学层次课程内容体系。

（4）法律适应原则：符合《中华人民共和国未成年人保护法》的规定，尊重、关心、爱护未成年人。

5.2　能力等级总体描述

青少年编程能力 Python 语言共包括 4 个等级，以编程思维能力为依据进行划分，等级名称、能力目标和等级划分说明如表 B-1 所示。

表 B-1　青少年编程能力 Python 语言的等级划分

等　　级	能 力 目 标	等级划分说明
Python 一级	基本编程思维	具备以编程逻辑为目标的基本编程能力
Python 二级	模块编程思维	具备以函数、模块和类等形式抽象为目标的基本编程能力
Python 三级	基本数据思维	具备以数据理解、表达和简单运算为目标的基本编程能力
Python 四级	基本算法思维	具备以常见、常用且典型算法为目标的基本编程能力

补充说明：Python 一级包括对函数和模块的使用，例如，对标准函数和标准库的使用，但不包括函数和模块的定义。Python 二级包括对函数和模块的定义。

青少年编程能力 Python 语言各级别代码量要求如表 B-2 所示。

表 B-2　青少年编程能力 Python 语言的代码量要求

等　　级	能 力 目 标	代码量要求说明
Python 一级	基本编程思维	能够编写不少于 20 行 Python 程序
Python 二级	模块编程思维	能够编写不少于 50 行 Python 程序
Python 三级	基本数据思维	能够编写不少于 100 行 Python 程序
Python 四级	基本算法思维	能够编写不少于 100 行 Python 程序，掌握 10 类算法

补充说明：这里的代码量指解决特定计算问题而编写单一程序的行数。各级别代码量要求建立在对应级别知识点内容基础上。程序代码量作为能力达成度的必要但非充分条件。

6. “Python 一级”的详细说明

6.1 能力目标及适用性要求

Python 一级以基本编程思维为能力目标，具体包括如下 4 方面。

（1）基本阅读能力：能够阅读简单的语句式程序，了解程序运行过程，预测运行结果。

（2）基本编程能力：能够编写简单的语句式程序，正确运行程序。

（3）基本应用能力：能够采用语句式程序解决简单的应用问题。

（4）基本工具能力：能够使用 IDLE 等展示 Python 代码的编程工具完成程序编写和运行。

Python 一级与青少年学业存在如下适用性要求。

（1）阅读能力要求：认识汉字并阅读简单中文内容，熟练识别英文字母、了解并记忆少量英文单词，识别时间的简单表示。

（2）算术能力要求：掌握自然数和小数的概念及四则运算方法，理解基本推理逻辑，了解角度、简单图形等基本几何概念。

（3）操作能力要求：熟练操作无键盘平板电脑或有键盘普通电脑，基本掌握鼠标的使用。

6.2 核心知识点说明

Python 一级包含 12 个核心知识点，如表 B-3 所示，知识点排序不分先后。

表 B-3　青少年编程能力“Python 一级”核心知识点说明及能力要求

序号	知识点名称	知识点说明	能力要求
1	程序基本编写方法	以 IPO 为主的程序编写方法	掌握“输入、处理、输出”程序编写方法，能够辨识各环节，具备理解程序的基本能力
2	Python 基本语法元素	缩进、注释、变量、命名和保留字等基本语法	掌握并熟练使用基本语法元素编写简单程序，具备利用基本语法元素进行问题表达的能力
3	数字类型	整数类型、浮点数类型、真假无值及其相关操作	掌握并熟练编写带有数字类型的程序，具备解决数字运算基本问题的能力
4	字符串类型	字符串类型及其相关操作	掌握并熟练编写带有字符串类型的程序，具备解决字符串处理基本问题的能力
5	列表类型	列表类型及其相关操作	掌握并熟练编写带有列表类型的程序，具备解决一组数据处理基本问题的能力
6	类型转换	数字类型、字符串类型、列表类型之间的转换操作	理解类型的概念及类型转换的方法，具备表达程序类型与用户数据间对应关系的能力

续表

序号	知识点名称	知识点说明	能力要求
7	分支结构	if、if-else、if-elif-else 等构成的分支结构	掌握并熟练编写带有分支结构的程序，具备利用分支结构解决实际问题的能力
8	循环结构	for、while、continue 和 break 等构成的循环结构	掌握并熟练编写带有循环结构的程序，具备利用循环结构解决实际问题的能力
9	异常处理	try-except 构成的异常处理方法	掌握并熟练编写带有异常处理能力的程序，具备解决程序基本异常问题的能力
10	函数使用及标准函数 A	函数使用方法，10 个左右 Python 标准函数（见本附录附表）	掌握并熟练使用基本输入输出和简单运算为主的标准函数，具备运用基本标准函数的能力
11	Python 标准库入门	基本的 turtle 库功能，基本的程序绘图方法	掌握并熟练使用 turtle 库的主要功能，具备通过程序绘制图形的基本能力
12	Python 开发环境使用	Python 开发环境使用，不限于 IDLE	熟练使用某一种 Python 开发环境，具备使用 Python 开发环境编写程序的能力

6.3　核心知识点能力要求

Python 一级 12 个核心知识点对应的能力要求如表 B-3 所示。

6.4　标准符合性规定

Python 一级的符合性评测需要包含对 Python 一级各知识点的评测，知识点宏观覆盖度要达到 100%。根据标准符合性评测的具体情况，给出基本符合、符合、深度符合 3 种认定结论。基本符合指每个知识点提供不少于 5 个具体知识内容，符合指每个知识点提供不少于 8 个具体知识内容，深度符合指每个知识点提供不少于 12 个具体知识内容。具体知识内容要与知识点实质相关。

用于交换和共享的青少年编程能力等级测试及试题应符合 GB/T 29802—2013 的规定。

6.5　能力测试要求

与 Python 一级相关的能力测试在标准符合性规定的基础上应明确考试形式和考试环境，考试要求如表 B-4 所示。

表 B-4　青少年编程能力“Python 一级”能力测试的考试要求

内　容	描　述
考试形式	理论考试与编程相结合
考试环境	支持 Python 程序的编写和运行环境，不限于单机版或 Web 网络版
考试内容	满足标准符合性（5.4 节）规定

附录 C
标准范围内的 Python
标准函数列表

表 C-1　标准范围内的 Python 标准函数列表

函　数	描　述	级　别
input([x])	从控制台获得用户输入，并返回一个字符串	Python一级
print(x)	将 x 字符串在控制台打印输出	Python一级
pow(x,y)	x 的 y 次幂，与 x**y 相同	Python一级
round(x[,n])	对 x 四舍五入，保留 n 位小数	Python一级
max(x1,x2,…,xn)	返回 x1,x2,…,xn 的最大值，n 没有限定	Python一级
min(x1,x2,…,xn)	返回 x1,x2,…,xn 的最小值，n 没有限定	Python一级
sum(x1,x2,…,xn)	返回参数 x1,x2,…,xn 的算术和	Python一级
len()	返回对象（字符、列表、元组等）长度或项目个数	Python一级
Range(x)	返回的是一个可迭代对象（类型是对象）	Python一级
eval(x)	执行一个字符串表达式 x，并返回表达式的值	Python一级
int(x)	将 x 转换为整数，x 可以是浮点数或字符串	Python一级
float(x)	将 x 转换为浮点数，x 可以是整数或字符串	Python一级
str(x)	将 x 转换为字符串	Python一级
list(x)	将 x 转换为列表	Python一级